互联网+远程一体化智慧数字教材

JISUANJI YINGYONG JICHU
计算机应用基础

主编　李刚

中国人民大学出版社
·北京·

PREFACE 前言

计算机技术与互联网的应用已经非常普及，它给人们的生活和工作带来了便利。人们期望学习和掌握计算机应用技能的知识，以适应学习和工作的需要。本书全面介绍了计算机基础知识、Windows 7 操作系统及其应用、Microsoft Office 2010 软件的使用、计算机网络基础、Internet 的应用、计算机安全等内容。

本书的编写指导思想是以计算机应用为依托，介绍计算机系统的构成和工作原理、微型计算机及其常用软件的使用、利用互联网索取和发布信息的方法、计算机多媒体技术的应用。书中所列操作步骤清晰详尽，不容易理解的地方以举例的方式加以说明。本书内容安排如下：

第 1 章计算机基础知识。介绍计算机的基本知识、计算机系统的组成、信息编码、微型计算机的硬件组成、微型计算机的应用等内容。通过学习相关知识应掌握微型计算机的工作原理和配置微型计算机硬件和软件的方法。

第 2 章 Windows 操作系统及其应用。主要介绍 Windows 7 操作系统的基本知识、资源管理器、控制面板、附件常用工具、压缩软件 WinRAR 的应用。

第 3 章 Word 文字编辑。主要介绍 Word 文档的操作知识，包括 Word 文档的编辑、排版、打印设置的技巧。

第 4 章 Excel 电子表格。主要介绍 Excel 工作簿和工作表的操作知识，包括编辑 Excel 表格、Excel 表格数据加工、设置 Excel 表格格式的方法等。

第 5 章 PowerPoint 电子演示文稿。主要介绍制作 PowerPoint 幻灯片文件的方法，包括制作 PowerPoint 幻灯片、设置 PowerPoint 幻灯片动画和播放格式的技巧。

第 6 章计算机网络基础与 Internet 应用。介绍计算机网络、互联网的基本知识和 Internet 的应用技术。

第 7 章计算机安全，介绍计算机网络安全的基本知识。

本书涵盖了教育部全国高校网络教育考试委员会制定的"计算机应用基础"考试大纲（2013 年修订）的内容，可以作为大、中专院校非计算机专业的教材。由于计算机技术发展较快，书中难免有遗漏和不当之处，恳请读者批评指正。

编　者

CONTENTS 目录

第1章
计算机基础知识

        当今应用计算机技术已经成为人们学习和工作的基本技能，学习计算机技术需要了解计算机的基本概念、掌握计算机的硬件系统和软件系统构成的知识、了解信息在计算机中的表示方法、掌握微型计算机硬件的性能和常用设备的使用方法。

知识导论 ·· □

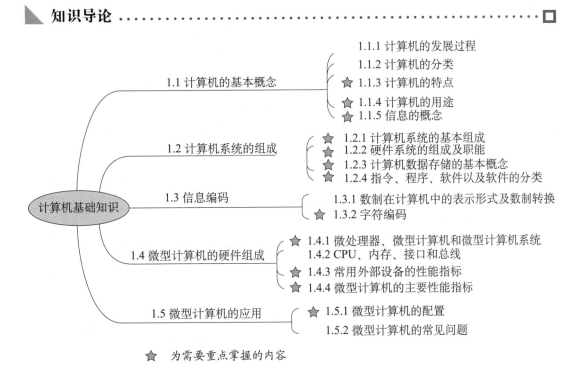

⭐ 为需要重点掌握的内容

1.1 计算机的基本概念

📖 【学习目标】

※了解计算机的发展过程；

※了解计算机的分类；

※理解计算机的主要特点；

※了解计算机的主要用途；

※了解信息的基本概念。

1.1.1　计算机的发展过程

1. 计算机的诞生

计算机是一种能自动运行、具有高速运算能力和信息存储能力、在程序控制下完成信息加工工作的电子设备。计算机的出现得益于杰出的学者——冯·诺依曼，他提出了建立"自动计算系统"设备的设想，这就是目前被广泛使用的计算机。冯·诺依曼研究报告提出计算机体系结构的基本思想可以归纳为：

（1）计算机中的程序和数据全部采用二进制数表示。

（2）计算机由输入设备、存储设备、运算器、控制器、输出设备组成。

（3）计算机由存储程序控制完成有关工作。

按照这个设计思想，1946 年世界第一台电子数字计算机 ENIAC（The Electronic Numerical Integrator and Calculator）研制成功。ENIAC 的出现奠定了计算机发展的基础，具有划时代的意义。随着计算机技术的发展，目前计算机已经广泛应用到社会的各个领域，计算机成为人们处理信息的重要工具。

2. 计算机的发展阶段

按照计算机电子元件的构成，计算机的发展经历了以下阶段：

（1）第一代计算机。

电子管计算机时期，属于计算机发展的初级阶段，计算机的运算速度慢，信息的存储容量小，主要用于科学计算，采用机器语言（二进制代码方式）和汇编语言方式设计程序。

（2）第二代计算机。

晶体管计算机时期，计算机的体积减小，计算机操作系统软件日益成熟，计算机自动控制能力增强，主要用于科学计算和事务处理，采用类似于自然语言的高级程序语言设计程序，提高了设计程序的效率。

（3）第三代计算机。

集成电路计算机时期，计算机的体积明显减小，计算机的运算速度和性能明显提高，出现了计算机通信网络。这一时期微型计算机诞生，计算机广泛应用于各个领域，采用计算机高级程序语言设计程序。

（4）第四代计算机。

大规模或超大规模集成电路计算机时期，微型计算机技术和应用发展迅猛，计算机互联网络得到广泛的应用，计算机应用领域更加广泛，多媒体信息处理非常简便，出现了面向对象的程序设计语言，计算机程序设计的效率更高。但是，计算机病毒、黑客的出现使得计算机的安全受到威胁。

未来计算机的应用发展趋势是继续以互联网的应用为核心，实现物联网的应用。同时为了解决信息处理速度的问题，利用云计算增强计算机的网络功能和协同工作能力。计算机更加便于携带，计算机的智能化得到提高。

1.1.2　计算机的分类

计算机按照用途可以分为通用计算机和专用计算机。通用计算机功能齐全、用途广泛，专用计算机功能单一。通用计算机按照机器的规模和处理能力可以分为以下类别：

（1）巨型计算机。

巨型计算机具有很强的计算和处理数据的能力，主要特点表现为高速度和大容量，配有多种外部设备及丰富的、高功能的软件系统，运算速度能够达到每秒数万亿次。我国研制的银河系列、曙光系列、天河系列计算机属于巨型计算机。

（2）大型计算机。

大型计算机采用并行处理器技术，具有很强的数据处理能力。

（3）中型计算机。

中型计算机主要用于事务数据处理。中型计算机用于银行系统、证券系统、大型企业和科研机构的信息管理。

（4）小型计算机。

小型计算机体积小、功能强、维护方便。

（5）微型计算机。

微型计算机体系结构简单，软件丰富。微型计算机包括台式计算机、笔记本电脑、掌上电脑等多种形式，能够满足家庭或移动信息处理的需要。

1.1.3　计算机的特点

计算机具有以下特点：

（1）运算速度快、精度高。

现代计算机运算速度能够达到每秒数万亿次，数据处理的速度相当快，是其他任何工具无法做到的事情。

（2）具有存储与记忆能力。

计算机可以存储数值、文字、图形、图像、音频、视频等不同格式的数据。数据能够永久地存放在计算机的磁盘中。

（3）具有逻辑判断能力。

计算机借助于逻辑运算，可以进行逻辑判断，并根据判断结果自动确定下一步该做什么。

（4）自动化程度高。

利用计算机解决问题时，人们启动编制好的程序以后，计算机可以自动执行，一般不需要人工干预，计算机会自动得到运算结果。

（5）计算机通用性强。

目前计算机在很多领域得到了广泛应用，通过程序完成各种信息加工工作。所以，计算机具有很强的通用性。

1.1.4 计算机的用途

电子计算机自诞生以来广泛应用于各个领域。

（1）数值计算。

数值计算是计算机应用的重要领域，数值计算要求量大、计算结果精度高、速度快。例如，数值计算应用于航天数据计算、气象数据加工、建筑设计计算、遥感监测数据处理等方面。

（2）事务信息处理。

事务信息处理是计算机应用最广泛的领域，事务信息处理主要指文字数据的处理，包括数据的收集、存储、加工、传输、利用等环节。事务信息处理广泛应用于不同领域的信息系统，例如电子政务系统、电子商务系统、办公自动化系统、企业的管理信息系统、银行的金融信息系统、证券信息系统等方面。

（3）自动控制。

利用计算机进行生产过程的自动控制，可以实现生产过程的实时数据处理。自动控制的应用提高了生产过程的工作效率。

（4）计算机辅助应用。

计算机辅助设计（Computer Aided Design，CAD）技术是指工程技术人员利用计算机技术对产品和工程项目进行总体设计、绘图、分析的过程，利用 CAD 技术可以提高产品设计、建筑设计的工作效率。

计算机辅助制造（Computer Aided Manufacturing，CAM）技术应用于产品设计工作，它可以降低产品制造的成本。

计算机辅助教学（Computer Aided Instruction，CAI）技术，是一种利用计算机作为教学手段的教学技术，这个技术的应用克服了传统教学方式受到时间和空间限制的局限，

可以根据学生的不同情况进行教学。

（5）人工智能的应用。

人工智能的应用是指利用计算机可以模拟人的思维、感知、判断、理解活动的应用。例如，智能机器人的应用、医疗专家系统诊疗病情软件的应用属于这个范畴。

（6）计算机网络的应用。

利用计算机网络可以实现信息资源的共享，特别是互联网的应用与人们的生活、学习和工作密切相关，利用互联网可以获得更多的信息资源。

（7）计算机多媒体的应用。

多媒体是指文字、图片、音频和视频信息。利用计算机可以处理多媒体信息资源，制作、加工和播放多媒体资料文件，给人们带来娱乐享受。

1.1.5 信息的概念

1. 数据

数据是对客观事物特征的具体描述，数据能够用符号直接反映出来，其表现形式可以是文字、数值、图形、图像、语音、视频等。例如，在人事管理工作中，"张三"表示员工的姓名，"2018/05/01"表示日期。现实世界存在着大量数据，数据不能脱离一定的语义环境而存在，数据按照某种规范经过分类以后，形成了具有一定语义特征的数据集合。例如，学生的姓名、年龄、入校时间等数据构成了学生基本情况的数据集合。

2. 信息

信息是对客观事物的抽象描述，是对大量数据加工后得到的结果。信息能够提供给人们进行管理和决策。

信息具有时效性，历史信息能够帮助人们回顾和总结，时效性强的信息，可以帮助人们有效地利用信息。信息具有价值性，信息是人们对数据有目的的加工结果，有效地利用信息能够创造更多的价值。信息具有真伪性，由于收集数据的策略和方法不同，因而数据处理后产生的信息具有真伪性，利用信息时要正确辨认其真伪性。信息具有层次性，不同层次的人员可能需要不同层次的信息。

信息分成不同的类型。例如，具有管理职能的信息称作管理信息，管理信息能够给企业的管理决策和管理目标的实现带来参考价值。

3. 信息系统

信息系统是具有一定职能、以信息管理为目的、由相关要素组成的整体。信息系统的管理技术包括信息存储技术和信息处理技术。信息系统的职能是完成信息的收集、存储、加工、传递、利用等工作，其核心任务是提供信息管理服务。

现实中存在大量信息系统的应用案例。例如，对会计信息进行处理的系统称作会计信息系统，包括凭证处理、凭证审核、凭证记账、期末结账、报表处理等信息处理环节，利用会计信息系统可以提高企业会计信息的处理效率。再如，在企业的管理工作中，各部门之间有大量的信息交流环节，通过部门间的信息交流，能够为企业的管理者提供管理和决策服务，为企业的经营创造更多价值。所以，企业需要建立一套体系完整的信息系统，为企业的管理工作服务。

1.2 计算机系统的组成

【学习目标】

※理解计算机系统的基本组成；
※了解硬件系统的组成及职能；
※理解计算机数据存储的基本概念；
※了解指令、程序、软件的概念以及软件的分类。

1.2.1 计算机系统的基本组成

计算机系统由硬件和软件两大部分组成，计算机系统的组成如图1-1所示。

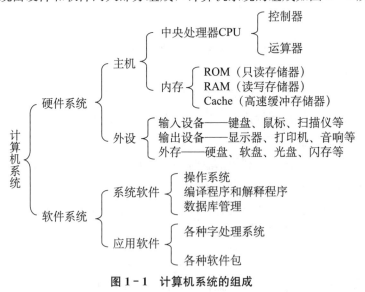

图1-1 计算机系统的组成

1.2.2 硬件系统的组成及职能

1. 硬件系统的组成

计算机硬件系统的组成如图1-2所示，包括输入设备、存储设备、运算器、控制器、输出设备。

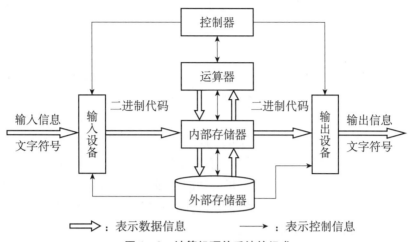

：表示数据信息　　　　　　　　　→：表示控制信息

图 1 - 2　计算机硬件系统的组成

2. 计算机的工作原理

（1）计算机在控制器的控制下，把以文字符号形式存在的数据或程序，通过输入设备转换成二进制代码，存储到计算机的内部存储器。

（2）计算机在控制器的控制下，根据程序的处理要求，从内部存储器中取得数据传送到运算器进行加工，运算器将运算的结果返回到内部存储器。

（3）计算机在控制器的控制下，根据程序的处理要求，从内部存储器中取得数据传送到输出设备，经输出设备将二进制代码转换成文字符号显示或打印。

（4）计算机在控制器的控制下，根据操作需要，可以将内部存储器中的数据保存到计算机的外部存储器。

3. 计算机各部件的职能

（1）输入设备。

由于计算机是电子设备，只能够识别电信号，而电信号可用 0、1 表示，所以计算机能够识别二进制代码信息。计算机输入设备的作用是将文字符号经过输入设备的处理转换成为二进制代码保存到计算机的内部存储器。

（2）存储设备。

存储设备是存储用户输入的数据或计算机加工结果的设备。计算机的存储设备分成内部存储设备和外部存储设备两类。

计算机的内部存储器是保存当前正在加工数据的场所，内部存储器分为若干单元，每个单元有一个地址名称，每个单元的数据以八位二进制代码的形式表示，内部存储器的单元个数有限，单元个数越多说明能够处理的数据越多。由于计算机内部存储器的数据是以电信号的形式存在的，所以断电会造成计算机内部存储器数据的丢失。

计算机的外部存储器是保存内部存储器数据的场所，内部存储器的数据可以以计算机文件的形式保存到外部存储器。相对于内部存储器来说，计算机的外部存储器存储数据的容量大，因为外部存储器设备可以随时增加。计算机外部存储器的数据以磁信号的形式存

7

在，简单来说是数据在磁盘上留下的刻痕，所以计算机断电不会造成外部存储器数据的丢失。

（3）运算器。

计算机的运算器（Arithmetic Logic Unit，ALU）是计算机进行各种运算的部件，可以进行算术运算、逻辑运算和移位运算。

（4）控制器。

计算机的工作全部是在控制器的控制和协调下完成的。控制器保存了计算机所能进行操作的操作指令。运算器和控制器集成在一起被称为中央处理器（CPU）。

计算机 CPU 提供的指令越多，计算机的性能越强。单位时间内，CPU 处理指令的条数越多，计算机的速度越快。CPU 是衡量计算机性能好坏的重要指标，目前微型计算机采用多 CPU 技术，提高了计算机的性能。

（5）输出设备。

由于计算机内部是以二进制代码的形式处理数据，所以计算机输出设备的作用是将计算机内部的二进制代码转换成为人们能够识别的图形或符号。

1.2.3　计算机数据存储的基本概念

1. 计算机为什么采用二进制表达信息

由于计算机是由电子元件组成的电子设备，计算机只能识别电压信息，简单来说当计算机的电子元件有电压时，可以用"1"表示，无电压时用"0"表示。计算机要处理文字、数值、声音、图像等数据时，必须将它们转换成为二进制代码。

2. 计算机的信息存储单位

计算机中存储数据的最小单位是一位二进制代码，称作 1bit（比特），其结果值是"0"或"1"，一位二进制代码能够表达两个信息状态。计算机一次能处理的二进制的位数称作字长。

8bit 称作 1Byte（字节，简写为 B），字节是存储数据的单元。计算机中的数据以字节为单元保存，每个单元有一个单元地址，单元地址用二进制代码表示，单元地址的位数越多，提供的单元个数越多。计算机通过单元地址找到单元存放的数据。

计算机存储单位的换算关系：$2^{10}B=1024B=1KB$，$2^{10}KB=1MB$，$2^{10}MB=1GB$，$2^{10}GB=1TB$，$2^{10}TB=1PB$，$2^{10}PB=1EB$，$2^{10}EB=1ZB$。

计算机的指令和内存单元的地址采用二进制代码表示，指令的条数、单元的个数与计算机的字长有关，指令条数越多说明计算机的功能越强。理论上来说，32 位字长的计算机可以有 2^{32} 条指令，可以提供 2^{32} 个内存单元，因此说字长是衡量计算机性能的重要指标。

1.2.4　指令、程序、软件以及软件的分类

1. 指令

指令是指挥机器工作的命令，计算机能够执行的指令的集合，称作计算机的指令系

统。指令的种类和多少与计算机的机型有关。通常一条指令包括操作码和操作数，操作码决定要完成的操作，操作数指参加运算的数据及其所在的单元地址。

2. 程序

程序是用某种计算机程序设计语言编写的、按一定逻辑排列的指令序列。程序是为了解决某个问题，将问题分解成若干个最小步骤，每个步骤用计算机语言的命令或语句完成，所以程序是一组语句序列。

计算机程序设计语言是开发应用软件的软件工具。利用计算机程序设计语言可以编写应用程序。例如，进行数值运算和过程处理可以选用 Visual C 语言、Visual Basic 语言设计应用程序。

3. 软件

软件是指支持计算机运行或解决某些特定问题而需要的程序、数据以及相关的文档。软件包括系统软件和应用软件。计算机软件系统的构成如图 1-3 所示。

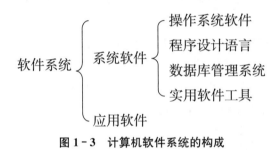

图 1-3　计算机软件系统的构成

（1）系统软件，是指维持计算机系统正常运行，负责控制和协调计算机及外部设备，支持应用软件开发和运行的软件。

● 操作系统软件是计算机必须安装的软件。主要作用是管理软件和硬件资源，控制和协调计算机各部件工作。Windows 系统是微型计算机常见的操作系统软件。

● 数据库管理系统是维护和管理数据库的软件。利用计算机解决事务数据处理问题，例如财务管理、人事管理等时，需要用数据库管理系统软件来解决。事务处理问题首先需要建立数据库模型，然后设计加工数据的程序。例如，常用的数据库管理系统有 Access、Visual FoxPro、SQL Server、MySQL 等。

● 办公软件用于编辑文字和加工表格数据。常用的办公软件有 Microsoft Office、WPS。Microsoft Office 主要包括：Word 文字处理软件，可以进行文字、图片和表格处理；Excel 是电子数据表格处理软件，可以进行表格数据的编辑和加工运算，制作统计图；Outlook 是电子邮件通信软件；Access 是微软发布的关系型数据库管理系统软件；PowerPoint 是制作演示文稿幻灯片的软件。

● 影音播放软件是处理视频或音频文件的软件。播放软件类别繁多，常用的影音播放软件有微软公司的 Windows Media Player、Adobe 公司的 Flash Player 等。

● 图形图像处理软件用于广告制作、平面设计、影视后期制作等领域。常用的产品有

Adobe 公司的 Photoshop 软件。

● 浏览器软件是显示网页程序的软件工具。浏览器软件包括微软的 Internet Explore 浏览器、Mozilla 公司的 Firefox 浏览器。

● 下载软件是用来将互联网的文件下载到客户端计算机的工具软件。各大型网站都有下载文件的实用程序。常见的下载软件有迅雷、网际快车、超级旋风等。

● 互联网为人们提供了大量的信息资源，互联网信息是网页程序在浏览器的控制下，以网页页面的形式展示给浏览者的，要想在互联网上发布信息，需要设计网页程序文件。常用的网页程序设计软件有 Dreamweaver。

● 查杀计算机病毒的软件。计算机病毒是破坏计算机正常工作的程序，计算机病毒可以通过网络方式发布和传播，并通过运行程序被激活。计算机病毒不仅破坏计算机的软件，造成程序运行异常或数据丢失，计算机病毒也可以破坏硬件设备。由于微型计算机的体系结构简单，随着计算机互联网应用的普及，利用网络传播计算机病毒的情况越来越严重，病毒给信息的安全带来了威胁，所以计算机需要安装查杀计算机病毒的软件。

● 聊天软件可以实现实时通信，聊天时可以 1 对 1 或 1 对多进行文字、声音、视频交流。常用的聊天软件有 QQ、MSN 等。

（2）应用软件，是指为解决某个或某类给定的问题而设计的软件。如会计电算化软件、教学管理软件、网络购物软件、网络银行软件等。

1.3 信息编码

【学习目标】

※ 了解数制在计算机中的表示形式及数制转换；

※ 了解字符编码。

1.3.1 数制在计算机中的表示形式及数制转换

1. 数制及其表示

数制是一种计数进位的规则，常见的有十进制、二进制、八进制、十六进制。

（1）十进制。

十进制是最常用的计数方法。十进制数的计数规则是逢十进位，十进制数的各位可以用 0、1、2、3、4、5、6、7、8、9 共 10 个符号表示。例如，$(65)_{10}$、$(1024)_{10}$ 等表示十进制数。

（2）二进制。

二进制数是计算机内部存储数据采用的计数方法。二进制数的计数规则是逢二进位，二进制数的各位可以用0、1共2个符号表示。例如，$(01000001)_2$、$(1111)_2$等表示二进制数。

1位二进制数能够表达"0""1"共2个信息状态，2位二进制数能够表达"00""01""10""11"共4个信息状态……n位二进制数能够表达2^n个信息状态。

（3）八进制。

八进制数是为了便于记忆二进制数而采用的计数方法。八进制数的计数规则是逢八进位，八进制数的各位可以用0、1、2、3、4、5、6、7共8个符号表示。例如，$(101)_8$、$(77)_8$等表示八进制数。

（4）十六进制。

十六进制数也是为了便于记忆二进制数而采用的计数方法。十六进制数的计数规则是逢十六进位，十六进制数的各位可以用0、1、2、3、4、5、6、7、8、9、A、B、C、D、E、F共16个符号表示。例如，$(41)_{16}$、$(A9F)_{16}$等表示十六进制数。

各进制数之间的对照关系如表1-1所示。

表1-1 四种进制数对照表

十进制	二进制	八进制	十六进制	十进制	二进制	八进制	十六进制
0	0	0	0	10	1010	12	A
1	1	1	1	11	1011	13	B
2	10	2	2	12	1100	14	C
3	11	3	3	13	1101	15	D
4	100	4	4	14	1110	16	E
5	101	5	5	15	1111	17	F
6	110	6	6	16	10000	20	10
7	111	7	7	17	10001	21	11
8	1000	10	8	18	10010	22	12
9	1001	11	9	19	10011	23	13

2. 数制间的转换

各种进制数之间的转换遵循一些规律，在此介绍常见的数制转换方法。

（1）十进制数$(X)_{10}$转换成N进制数的方法。

$$(X)_{10} = (\cdots K_4 K_3 K_2 K_1 K_0)_N$$

其中，$N=2、8、16$。

第一步：将十进制数X除以N得到一个余数和一个商，其中余数作为K_0；如果商小于N，那么商作为K_1，这样转换完毕。如果得到的商大于N就要进行第二步转换。

第二步：将第一步得到的商除以N得到一个余数和一个商，其中余数作为K_1；如果商小于N，那么商作为K_2，这样转换完毕。如果得到的商大于N就要进行第三步转换。

第三步：将第二步得到的商除以N得到一个余数和一个商，其中余数作为K_2；如果商小于N，那么商作为K_3，这样转换完毕。如果得到的商大于N就要进行第四步转换。

以此类推最终可以得到结果。

（2）N 进制数转换成十进制数（X）$_{10}$ 的方法。

$$(\cdots K_4 K_3 K_2 K_1 K_0)_N = (X)_{10}$$

其中，$N = 2$、8、16。

公式：$X = \sum_{i=0}^{n-1} k_i N^i$，这里假定 X 是正整数。N 表示进制，N 可以是 2、8、16 之一。i 表示 N 进制数从右侧开始的位数，假定有 k 位 N 进制数，$i = \{0, 1, \cdots, k-1\}$。$k_i$ 表示 N 进制数从右侧开始的第 i 位的取值。

例如，$(01000001)_2 = (1 \times 2^6 + 1 \times 2^0)_{10} = (64 + 1)_{10} = (65)_{10}$。

（3）二进制数与八进制数的互换。

二进制数转换成八进制数的方法是将二进制数从右侧开始向左侧每三位分成一组，不足三位时补零，将每一组三位二进制数分别转换成一位十进制数，这样就可以得到二进制数对应的八进制数。

八进制数转换成二进制数的方法是将八进制数逐位分别转换成三位二进制数，不足三位时用零补足成三位。每一位八进制数对应一组三位二进制数，这样就可以得到二进制数。

（4）二进制数与十六进制数的互换。

二进制数转换成十六进制数的方法是将二进制数从右侧开始向左侧每四位分成一组，不足四位时补零，将每一组四位二进制数分别转换成一位十六进制数，这样就可以得到二进制数对应的十六进制数。

十六进制数转换成二进制数的方法是将十六进制数逐位分别转换成四位二进制数，不足四位时用零补足成四位。每一位十六进制数对应一组四位二进制数，这样就可以得到二进制数。

不同进制间的数据比较大小时，要先把它们统一换算成为同一个进制的数，然后才能比较出结果。

1.3.2 字符编码

1. ASCII 编码

（1）ASCII 编码的作用。

ASCII（American Standard Code for Information Interchange）编码即美国标准信息交换码，是微型计算机普遍采用的英文字符编码方案。ASCII 编码解决英文符号在计算机中保存的问题，它给每个英文符号分配一个唯一的二进制代码，计算机通过保存和处理每个符号对应的二进制代码完成对英文符号的加工。

（2）ASCII 编码方案。

ASCII 编码方案将所有英文字母包括大写和小写、数字符号、特殊符号有规律地排列成为一个符号集合，每个符号依次用八位二进制代码表示，所以一个符号存储在计算机内部占用 1 个字节。每个符号二进制代码左侧第一位为"0"，其余七位是 0 或 1 的组合，这样 ASCII 编码方案中共有 2^7 个符号，如表 1-2 所示。

例如，字母"A"的 ASCII 编码是"01000001"，字母"a"的 ASCII 编码是"01100001"。当我们在键盘上输入字母"A"时，计算机内存存储的是 ASCII 编码"01000001"，计算机输出设备处理到"01000001"时，屏幕上就显示"A"符号。

表 1-2　　　　　　　　　　　　　　　　ASCII 编码表

二进制数	符号	二进制数	符号	二进制数	符号	二进制数	符号
00000000	NUL	00100000	空格	01000000	@	01100000	`
00000001	SOH	00100001	!	01000001	A	01100001	a
00000010	STX	00100010	"	01000010	B	01100010	b
00000011	ETX	00100011	♯	01000011	C	01100011	c
00000100	EOT	00100100	$	01000100	D	01100100	d
00000101	ENQ	00100101	‰	01000101	E	01100101	e
00000110	ACK	00100110	&	01000110	F	01100110	f
00000111	BEL	00100111	,	01000111	G	01100111	g
00001000	退格	00101000	(	01001000	H	01101000	h
00001001	HT	00101001	)	01001001	I	01101001	i
00001010	换行	00101010	*	01001010	J	01101010	j
00001011	VT	00101011	+	01001011	K	01101011	k
00001100	FF	00101100	,	01001100	L	01101100	l
00001101	回车	00101101	—	01001101	M	01101101	m
00001110	SO	00101110	。	01001110	N	01101110	n
00001111	SI	00101111	/	01001111	O	01101111	o
00010000	DLE	00110000	0	01010000	P	01110000	p
00010001	DC1	00110001	1	01010001	Q	01110001	q
00010010	DC2	00110010	2	01010010	R	01110010	r
00010011	DC3	00110011	3	01010011	S	01110011	s
00010100	DC4	00110100	4	01010100	T	01110100	t
00010101	NAK	00110101	5	01010101	U	01110101	u
00010110	SYN	00110110	6	01010110	V	01110110	v
00010111	ETB	00110111	7	01010111	W	01110111	w
00011000	CAN	00111000	8	01011000	X	01111000	x
00011001	EM	00111001	9	01011001	Y	01111001	y
00011010	SUB	00111010	:	01011010	Z	01111010	z
00011011	ESC	00111011	;	01011011	[	01111011	}
00011100	FS	00111100	<	01011100	\	01111100	|
00011101	GS	00111101	=	01011101	{	01111101	]
00011110	RS	00111110	>	01011110	↑	01111110	~
00011111	US	00111111	?	01011111	↓	01111111	Del

2. 汉字编码

（1）汉字编码的作用。

汉字编码解决的是汉字及中文符号在计算机中保存的问题，按照汉字的编码方案将每个中文符号分配一个二进制代码，计算机通过保存和处理每个符号对应的二进制代码完成对汉字的加工。

（2）汉字编码方案。

汉字编码方案是指收集所有汉字、特殊符号形成汉字符号集合，所有符号有规律地排列，每个符号依次用十六位二进制代码表示，一个汉字符号在计算机内部存储占 2 个字节。每个汉字的二进制代码左侧第 1 位和第 9 位为"1"，所以汉字编码方案中共有 2^{14} 个符号。

汉字国标码（GB 2312－1980）是汉字编码的国家标准，国标码字符集共有 7 445 个字符，分为 3 个部分：

- 符号区包括常用符号、序号、希腊字符、制表符，共 682 个符号。
- 一级字库包括常用汉字，按照汉字拼音的顺序排列，共 3 755 个符号。
- 二级字库包括不常用汉字，按照汉字的偏旁排列，共 3 008 个符号。

计算机处理汉字的原理很简单，例如，当我们想在计算机中保存"中"字时，需要选择汉字的输入方法，如拼音输入法、五笔输入法等。如果选择拼音输入法，需要在键盘上输入"中"字的拼音，计算机将"中"字对应的二进制编码保存到内存中，计算机的输出设备处理到"中"字二进制编码时，屏幕或打印机上就显示"中"字的符号。

1.4 微型计算机的硬件组成

【学习目标】

※了解 CPU、内存、接口和总线的概念；
※理解常用外部设备的性能指标；
※理解微型计算机的主要性能指标。

1.4.1 微处理器、微型计算机和微型计算机系统

1. 微型计算机

微型计算机是能自动、高速、精确地处理信息的电子设备，具有算术运算和逻辑判断能力，能通过预先编好的程序自动完成数据的加工处理。微型计算机以微处理器为核心，

采用总线结构模式。微型计算机包括很多档次和型号，例如台式计算机、笔记本电脑、掌上电脑。

2. 微型计算机系统

微型计算机系统由硬件系统和软件系统组成。

微型计算机的硬件系统包括主机和外部设备，如图1-4所示。其中主机包括中央处理器、存储器、各种接口，采用大规模集成电路集成在主板上。微型计算机的主板如图1-5所示。外部设备包括输入设备、输出设备、电源。

微型计算机的软件系统包括操作系统、程序设计语言和多种工具软件等。

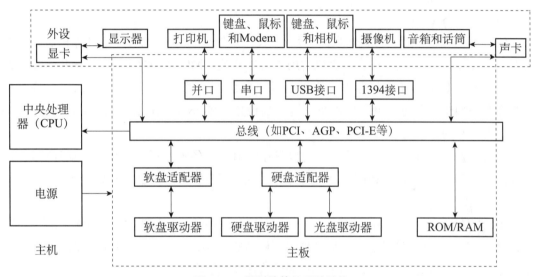

图1-4　微型计算机硬件结构

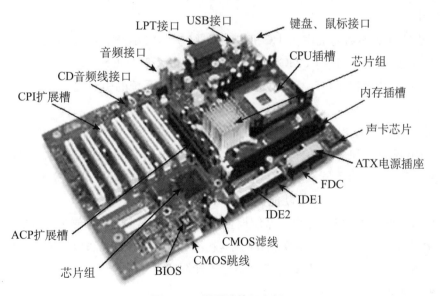

图1-5　微型计算机主板

1.4.2 CPU、内存、接口和总线

微型计算机的主板安装有微处理器、内存、接口卡，各部件通过总线传递信息。

1. 微型计算机主板

主板是计算机中的一块电路板，用于连接各种设备和插卡。主板上有 CPU 插槽、高速缓存、内存插槽、控制芯片组（CMOS/BIOS 集成块等）、总线扩展（PCI、ISA、AGP）、外部设备接口（如键盘接口、鼠标接口、COM 口、LPT 口、GAME 口、USB 接口）、外部设备插槽等。

（1）CMOS/BIOS。

CMOS 是保存计算机开机参数的芯片，BIOS 是处理 CMOS 的程序。计算机启动时要按照 CMOS 设置的参数工作，计算机的用户可以修改 CMOS 设置的参数，CMOS 集成在主板上。由于 CMOS 中也保存着计算机的时钟参数，需要电力来维持，所以每一块主板上都会有一颗纽扣电池，叫作 CMOS 电池。要设置 CMOS 里存放的参数，必须通过 BIOS 程序把设置好的参数写入 CMOS。

通过设置计算机的 CMOS 密码，可以只让知道密码的人使用计算机。启动计算机时，连续按 Del 键计算机进入系统参数设置界面，可以设置访问计算机的密码。

（2）BIOS。

BIOS（Basic Input Output System）是指基本输入输出系统程序，是主板上的一块芯片，BIOS 为计算机提供最低级、最直接的硬件控制程序，简单地说，BIOS 是硬件与软件程序之间的一个转换器。BIOS 中主要存放的程序包括：

● 自诊断程序：通过读取 CMOS 中的参数识别计算机的硬件配置，并对计算机进行自检和初始化。

● 设置 CMOS 参数的程序：计算机启动引导过程中，连续按指定的热键，可以进入设置 CMOS 参数的界面，进行 CMOS 设置后，参数保存到 CMOS 中。

● 系统自动装载程序：计算机自检完毕后，将操作系统的引导程序装入内存，准备启动操作系统。

● I/O 设备的驱动程序和中断服务。

由于 BIOS 直接和系统硬件资源打交道，因此 BIOS 总是针对某一类型的硬件系统。而各种硬件系统又各有不同，所以存在不同种类的 BIOS。随着硬件技术的发展，BIOS 也不断更新版本，新版本的 BIOS 功能更强。

由于 CMOS 与 BIOS 都跟电脑系统设置密切相关，CMOS 是存放系统参数的地方，而 BIOS 中系统设置程序是完成参数设置的手段。因此，准确的说法应是通过 BIOS 设置程序对 CMOS 参数进行设置，所以这两个概念不能混淆。

2. 微处理器

微处理器也称 CPU，是微型计算机的核心，包括控制器和运算器。

CPU（Center Processor Unit）的作用是控制计算机工作、进行算术运算和逻辑运算处理。CPU 是计算机的核心，CPU 性能的好坏决定了计算机运行速度的快慢和计算机处理能力的强弱。

为了提高 CPU 的性能，目前微型计算机 CPU 采用多核设计工艺。其中 Intel 公司和 AMD 公司是 CPU 的主要生产厂商。例如，Intel 酷睿 CORE i7-8700k 采用六核工艺，主频 4.6GHz，64 位处理器，三级缓存 12M，如图 1-6 所示。

图 1-6 CPU 示意图

计算机中的指令系统是一台计算机能够进行操作的指令的集合，指令系统保存在计算机的 CPU 中。计算机采用多核 CPU，可以提高计算机处理数据的能力和速度。衡量 CPU 性能好坏的指标包括：

（1）主频：也叫作时钟频率，单位是 Hz（例如 3.5GHz），表示单位时间内脉冲数字信号振荡的速度，与 CPU 实际的运算能力没有直接关系。主频越高，CPU 的工作速度越快。

（2）CPU 缓存（Cache Memory）：是 CPU 与内存之间的临时存储器，它的容量比内存小但交换速度快。缓存的工作原理是当 CPU 要读取一个数据时，首先从缓存中查找，如果找到就立即读取并送给 CPU 处理；如果没有找到，就到内存中读取并送给 CPU 处理，同时把这个数据所在的数据块调入缓存中，这样以后对整块数据的读取都从缓存中进行，不必再调用内存。缓存中的数据是短时间内 CPU 即将访问的数据，在 CPU 中加入缓存是一种高效的解决方案，这样整个存储器（缓存＋内存）就变成了既有缓存的高速度，又有内存的大容量的存储系统了。缓存大小也是 CPU 的重要指标之一，缓存的结构和大小对 CPU 速度的影响非常大，CPU 缓存的运行频率越高，CPU 的速度越快。

3. 内部存储器

内部存储器是计算机存储加工数据的场所。利用计算机加工数据时，首先要通过计算机的输入设备输入数据，数据转换成二进制代码保存到计算机的内部存储器，当完成数据加工以后，需要把内部存储器存储的数据以文件的形式保存到计算机的外部存储器，如硬盘。内部存储器存储数据的容量是有限的。内部存储器如图 1-7 所示。

图 1-7 内部存储器示意图

由于计算机加电以后才能工作，所以存储在内存中的信息是"电"信号，计算机断电后信息丢失。计算机内存中的信息按照单元存放，每个单元有一个单元地址，每个单元的地址采用二进制代码表示，单元地址数的个数与计算机的字长有关，理论上 32 位字长的计算机能够提供 2^{32} 个内存单元，所以内部存储器的存储容量有限。有些操作系统（例如 Windows）在处理时，提出了虚拟内存的概念，当内部存储器空间不足时，计算机把内部存储器的部分数据临时保存到外部存储器，这样可以节省内部存储器的存储空间，所以计算机的内部存储器和外部存储器在不影响计算机正常工作的前提下有频繁的数据导入和导出操作，这样可以满足数据加工的需要。

4. 显卡

显卡又称为显示器适配卡，是计算机主机里的一个重要组成部件。显卡是连接主机与显示器的接口卡，显卡插在主板的插槽上，显示器的信号线与显卡的接口连接。显卡的作

图 1-8 显卡

用就是控制计算机的图形输出，把计算机的数字信号变为显示器可以辨别的视频信号，性能好的显卡可以输出高品质的显示画面。显卡由显示芯片、显示内存组成，这些组件决定了计算机屏幕上的输出，包括屏幕画面显示的速度、颜色。衡量显卡的指标是显示分辨率和显示内存，显示内存起到显示缓冲的作用，可以保证屏幕画面的流畅，目前已有内存为1 024M的显卡产品。显卡如图 1-8 所示。显示芯片厂商将 3D 技术加入显卡技术中，产生了 3D 加速卡、3D 绘图显示卡等产品。

5. 声卡

声卡也叫作音频卡，是计算机进行声音处理的设备，包括利用话筒采集音频数据和利用音箱播放音频数据。由于话筒和喇叭设备识别的是模拟信号，而计算机所能处理的是数字信号，所以要想让计算机识别和处理音频数据，需要用声卡将模拟信号和数字信号进行转换，这样计算机就可以利用声卡处理模拟信号。

从结构上分，声卡可分为模数转换电路和数模转换电路两部分。模数转换电路负责将

图 1-9 声卡

麦克风等声音输入设备采到的模拟声音信号转换成为计算机能处理的数字信号。

数模转换电路负责将计算机使用的数字声音信号转换成为喇叭等设备能使用的模拟信号。声卡工作时需要有声音处理软件的支持，包括驱动程序、混频程序（Mixer）和音频播放程序等。声卡有两个接口，一个接话筒，另一个接音箱。声卡如图 1-9 所示。

6. 网卡

网卡是计算机连接局域网或互联网的设备，分成有线网卡和无线网卡。

（1）有线网卡。

有线网卡插在计算机主板的插槽内。有线网卡可以直接连接到互联网，也可以利用RJ45 接口，通过双绞线连接到的局域网交换机，再连接到服务器，借助网卡可以实现网络数据通信。利用网卡也可以先连接局域网再登录互联网。例如，办公室的台式计算机通过网卡连上局域网后可以上互联网，这是因为局域网做了一个访问互联网的出口，如果出口被关闭，那么只能登录局域网而不能登录互联网。

（2）无线网卡。

无线网卡的作用跟有线网卡一样，安装了无线网卡的计算机，或者内置无线网卡的笔记本电脑，通过必要设置以后可以登录互联网，实现无线上网。无线网卡按照接口分类包

含 PCI 接口（内置）、USB 接口（外置）和 PCMICA 接口（外置）无线网卡三种，其中 PCI 接口无线网卡适用于台式电脑，PCMICA 接口产品适用于笔记本电脑，USB 接口的产品可以兼顾台式计算机和笔记本电脑。

无线路由器可以使企业、办公室或家庭中的多台微型计算机利用通信线路连接上网，内置 4 个交换端口，可以无线上网，也支持以有线方式连接 4 台计算机。网卡、无线路由器如图 1-10 所示。

图 1-10　网卡、无线路由器

7. 接口

接口指外部设备与主板系统采用何种方式进行连接。常见的接口类型有并口、串口（也称为 RS-232 接口）和 USB 接口。

（1）并口又称为并行接口。目前，并行接口主要作为打印机端口，采用的是 25 针 D 形接头。所谓"并行"是指 8 位数据同时通过并行线进行传送，这样数据传送速度大大提高，但并行传送的线路长度受到限制。因为长度增加，干扰就会增加，数据也就容易出错。目前计算机基本上都配有并口。

（2）串口又称为串行接口，微机一般有两个串口 COM1 和 COM2。串口不同于并口之处在于它的数据和控制信息是一位接一位地传送出去的。虽然这样速度会慢一些，但传送距离较并口更长，因此若要进行较长距离的通信，应使用串口。通常 COM1 使用的是 9 针 D 形连接器，也称为 RS-232 接口，而 COM2 使用老式的 DB25 针连接器，也称为 RS-422 接口，不过目前已经很少使用。

（3）USB（Universal Serial Bus），通用串行总线接口。USB 接口具有传输速度更快，支持热插拔以及连接多个设备的特点。目前已经在各类外部设备中被广泛采用。

8. 总线

总线（Bus）是计算机各种功能部件之间传送信息的公共通信干线，它是由导线组成的传输线束，按照计算机所传输的信息种类，计算机的总线可以划分为数据总线 DB（Data Bus）、地址总线 AB（Address Bus）和控制总线 CB（Control Bus），分别用来传输数据、数据地址和控制信号。总线是一种内部结构，它是 CPU、内存、输入和输出设备传递信息的公用通道，主机的各个部件通过总线相连接，外部设备通过相应的接口电路再与总线相连接，从而形成了计算机硬件系统。在计算机系统中，各个部件之间传送信息的公共通路叫作总线，微型计算机是以总线结构来连接各个功能部件的。

1.4.3 常用外部设备的性能指标

1. 外部存储设备

外部存储设备是用于保存计算机数据的设备，包括硬盘、移动硬盘、U 盘和光驱。外部存储设备用于保存相关数据构成的集合即计算机文件，每个文件都有文件名称，相关文件的集合构成了文件夹。管理外部存储设备是指管理外部存储设备的文件和文件夹。外部存储设备使用前需要进行格式化处理，利用格式化操作可以将计算机硬盘、移动硬盘、U 盘进行整理，清空文件系统。由于外部存储设备保存的是内存的加工结果，信息以"磁划痕"信号的形式存在，所以存储在外部存储设备的信息不会丢失。

硬盘内置于计算机的主机箱内。一般硬盘的容量是几百 GB。硬盘如图 1−11 所示。硬盘可以被逻辑分区，分为 C 盘、D 盘、E 盘等。一般 C 盘用于保存系统文件，如 Windows 相关文件保存到 C 盘后，计算机开机会自动进入 Windows 系统。D 盘、E 盘用于保存用户的数据文件。

移动硬盘是外置式的，通过 USB 接口与计算机相连接。一般移动硬盘的容量是几百 GB。移动硬盘用于保存用户的数据文件。移动硬盘如图 1−12 所示。

U 盘是外置式的，通过 USB 接口与计算机相连接。U 盘用于保存用户的数据文件。U 盘如图 1−13 所示。

光驱既有内置光驱也有外接光驱，外接光驱通过 USB 接口与计算机相连接。光驱分为 CD 光驱、DVD 光驱，它们存储数据的容量不同。CD 光驱只能读出 CD 光盘中的文件，DVD 光驱能读出 CD 光盘和 DVD 光盘中的文件。光盘刻录机可以读出光盘中的文件，也可以将计算机中的文件保存到光盘中。光驱如图 1−14 所示。

图 1−11 硬盘　　　图 1−12 移动硬盘　　　图 1−13 U 盘　　　图 1−14 光驱

2. 输入设备

输入设备包括键盘、鼠标、手写板、扫描仪、读卡器、话筒等，利用这些设备可以将数据输入计算机。

（1）键盘是计算机常用的输入设备。有线键盘与主机的键盘接口连接可以输入数据。键盘用来输入大写和小写英文字母、汉字、数字、常用符号。键盘如图 1−15 所示。键盘常用键的使用方法：

计算机启动时，连续按 Del 键（计算机的品牌不同，按键也不同，可以从计算机手册中查到是哪个键），屏幕出现 CMOS 参数设置菜单，可以根据需要设置计算机的启动参数。

计算机工作时，按 PrtSc 键或 Ctrl+PrtSc 键，可以将计算机屏幕上出现的内容保存到粘贴板。按 Alt+PrtSc 键，可以将计算机屏幕上当前活动窗口出现的内容保存到粘贴板。按 Ctrl+V 键可以将粘贴板中的数据保存到计算机文件中。按住 Ctrl+Alt+Del 键，计算机可以切换到"任务管理器"。

（2）鼠标与主机的鼠标接口连接，也可以与计算机的 USB 接口连接。鼠标分为有线鼠标和无线鼠标。无线鼠标如图 1-16 所示。

图 1-15 键盘　　　　　　　　　　图 1-16 无线鼠标

手写板与主机的 USB 接口连接。利用手写笔在手写板写出数据或符号就能输入计算机，使用手写板需要安装驱动程序。

扫描仪通过 USB 接口与计算机连接，利用扫描仪可以将文稿、图片扫描到计算机中以文件的形式存储，计算机可以对扫描的结果进行二次编辑，利用扫描仪扫描的文稿文件会有误码现象出现。扫描仪如图 1-17 所示。

图 1-17 扫描仪

读卡器与计算机的 USB 接口连接，用于处理磁卡保存的数据，如银行卡读卡器。

话筒可以连接到声卡的 MIC 接口，通过语音方式将数据输入计算机。使用话筒时需有软件支持才能将输入的语音保存到计算机。

3. 输出设备

输出设备包括显示器、打印机、音箱等，利用这些设备可以输出计算机中的数据。

（1）显示器分为 CRT（Cathode Ray Tube，阴极射线管）显示器和 LCD 液晶显示器，液晶显示器是目前计算机的首选配置。显示器如图 1-18 所示。

图 1-18 CRT 显示器和 LCD 液晶显示器

（2）打印机分为针式打印机、喷墨打印机、激光打印机等。打印机如图 1-19 所示。

图 1-19　针式打印机、喷墨打印机、激光打印机、多功能一体机

● 针式打印机的工作原理是打印机的打印头上排列着一组钢针，钢针击打色带，这样在打印纸上打印出图形符号。针式打印机的耗材廉价，但是如果打印头某根钢针折断，将无法打印完整的字符符号。

● 喷墨打印机的工作原理是喷墨嘴的墨水在喷射压力的作用下，从打印头中喷射在打印纸上，这样在打印纸上打印出图形符号。如果长期不用打印机，喷墨嘴会堵塞，造成打印机不能工作。喷墨打印机的耗材价格高、更换频繁。

● 激光打印机结合了激光技术和照相技术。激光打印机的耗材比较昂贵，但是打印效果好。

● 多功能一体机通过 USB 接口与计算机连接，是集电话、扫描、复印、传真、打印于一体的计算机设备。

1.4.4　微型计算机的主要性能指标

1. 运算速度

运算速度是衡量计算机性能的一项重要指标。通常所说的计算机运算速度（平均运算速度），是指每秒钟所能执行的指令条数，一般用"百万条指令/秒"（mips，Million Instruction Per Second）来描述。同一台计算机，执行不同的运算所需时间可能不同，因而对运算速度的描述常采用不同的方法。常用的有 CPU 时钟频率（主频）、每秒平均执行指令数（ips）等。微型计算机一般采用主频来描述运算速度。例如，Intel 酷睿 i53470 的主频为 3.2GHz。一般说来，主频越高，运算速度就越快。

2. 字长

计算机在同一时间内处理的一组二进制数称为一个计算机的"字"，而这组二进制数的位数就是"字长"。在其他指标相同时，字长值越大计算机处理数据的速度就越快。目前大多数微机的字长是 32 位，高档微机的字长为 64 位。

3. 内部存储器的容量

内部存储器，也称主存，是 CPU 可以直接访问的存储器，需要执行的程序与需要处理的数据就是存放在主存中的。内部存储器容量的大小反映了计算机即时存储信息的能力。随着操作系统的升级、应用软件的不断丰富及其功能的不断扩展，人们对计算机内存容量的需求也不断提高。内存容量越大，系统功能就越强大，能处理的数据量就越庞大。

4. 外部存储器的容量

外部存储器的容量通常是指硬盘容量（包括内置硬盘和移动硬盘）。外部存储器容量越大，可存储的信息就越多，可安装的应用软件就越丰富。目前，硬盘容量一般为几 TG。

以上只是一些主要性能指标。除了上述这些主要性能指标外，微型计算机还有其他一些指标，例如，所配置外围设备的性能指标以及所配置系统软件的情况等。另外，各项指标之间也不是彼此孤立的，在实际应用时，应该把它们综合起来考虑，而且还要遵循"性能价格比"的原则。

1.5 微型计算机的应用

【学习目标】

※了解微型计算机的基本配置；
※熟悉微型计算机常见故障及其排除方法。

1.5.1 微型计算机的配置

1. 硬件配置

微型计算机能够登录互联网需要的硬件配置包括：CPU，如 Intel 或 AMD 的双核CPU；主板、机箱、电源；内存；硬盘；显卡、声卡、网卡主板集成；音箱；LCD 显示器；刻录 DVD 光驱；键盘、鼠标；打印机；无线路由器、互联网账号。

2. 设备安装

（1）家庭台式计算机的安装。

台式计算机的安装比较简单，安装前首先根据装箱单，检查装箱单配件的完好性，清点配线是否齐备。由于台式计算机设备接口都是标准口，所以连接线路时只要按照图示接插设备，连接稳固即可使用。

（2）笔记本计算机的安装。

笔记本电脑的安装主要注意的是笔记本外接电源适配器一定要使用专用的适配器。拔插外接设备时，手尽量不要接触计算机的接口部位，防止静电给主板造成的损坏。

（3）计算机连接网络。

计算机连接网络分为连接到局域网和连接到互联网两种情况。连接时，将通信线接到主机的网卡接口即可。

3. 软件安装

安装软件需有安装盘，计算机硬件设备驱动程序盘、Windows 系统光盘是必备的安装盘。如果计算机出现故障需要重新安装系统时，常规的处理方法是：

（1）安装 Windows 系统。

将 Windows 系统光盘放入光驱，从光驱引导计算机安装 Windows 系统。在安装 Windows 系统时，为了便于管理计算机文件，需要将硬盘分区，在硬盘建立逻辑硬盘，例如 C 盘、D 盘、E 盘，其中 C 盘是保存 Windows 系统软件的磁盘，D 盘、E 盘可以用来存储其他数据文件。

（2）安装设备驱动程序。

将计算机自带的驱动程序盘放入光驱，从光驱引导计算机启动，这样可以配置本台计算机设备的驱动程序。

（3）登录互联网安装下载其他实用软件。

例如，预防病毒黑客的软件、办公软件等。

1.5.2　微型计算机的常见问题

微型计算机在使用时会遇到一些应用问题，这些问题出现后要根据实际情况判断出现问题的原因，以便及时排除故障。

1. 开机黑屏的问题及其解决方法

开机黑屏一般是计算机的连接问题，此时可以检查机箱电源的接口和电源线是否连接完好；检查主板电源线插口电源是否接通电源；如果计算机硬盘的程序正常启动后，计算机黑屏说明显示屏幕的开关关闭或显示器损坏；最严重的问题是显卡故障，这时应当请技术人员协助维修。软件方面，如果 Windows 缺失系统文件，也会导致黑屏，因此需要重新安装系统软件驱动程序。访问专业网站下载修复程序，可以很方便地恢复系统。

2. 计算机开机后死机

（1）计算机的引导程序故障，此时可以重新配置 CMOS 参数。CMOS 参数设置要恰当，如果参数设置不合理，会引起启动或者运行死机的现象。

（2）Windows 系统被破坏。使用计算机时，会安装很多计算机软件，这将更改计算机 Windows 系统的配置，使得 Windows 系统的注册表文件混乱导致计算机死机。此时应当重新安装 Windows 系统软件。

（3）Windows 系统设计时存在的漏洞，导致系统死机的现象，要及时更新 Windows 系统软件。

（4）应用程序设计存在缺陷导致计算机死机，应当停止使用应用程序。

（5）计算机病毒导致死机，此时要及时升级杀毒软件。

（6）计算机设备损坏导致死机，这类问题应当请技术人员维修。出现这类问题的原因首先是板、卡接触不良、松动，或者板上的插槽损坏，或者显卡、内存等配件是坏的。其次是电压起伏太大，造成板、卡上电流不稳定，导致硬件损坏。另外打印机、刻录机、扫描仪等设备已经损坏，但"即插即用"的技术使系统在启动时检测到这些设备导致死机。

（7）Windows 系统需要把硬盘的一部分空间作为虚拟内存，如果硬盘剩余空间太小，也会导致死机。

3. 计算机的速度慢

（1）引导 Windows 系统时，由于 Windows 系统安装的程序太多造成计算机启动速度慢。

（2）运行的应用程序设计的算法复杂导致计算机速度慢。

（3）计算机病毒的破坏。

（4）Windows 系统桌面上的任务太多、打开的窗口过多，造成计算机的速度慢。

4. 无法登录互联网浏览信息

（1）检测计算机网络的连接线路是否正确。

（2）检查网络连接的软件设置是否正确。

（3）检测 ISP 网络服务商是否正常运行。

（4）检测浏览的网站地址和网页程序的文件名称是否正确。

5. 使用计算机定期要做的工作

（1）卸载长期不用的软件，这样可以节省更多的空间，提高计算机的速度。

（2）定期升级 Windows 系统软件和设备驱动程序。

（3）规范操作规程，采用正常的步骤退出系统。

（4）定期做计算机硬盘的磁盘维护，及时清理历史文档。

（5）安装和升级计算机病毒软件。

（6）定期清理计算机的灰尘防止静电给计算机带来的侵害。

（7）浏览网页或下载程序时，确认安全可靠。尽量回避使用测试版软件。

习 题

一、简答题

1. 冯·诺依曼计算机体系机构的主要思想是什么？

2. 按照电子元件划分，计算机经历了几代？各代产品的特点有哪些？

3. 计算机有哪些应用领域？

4. 计算机事务处理的应用有哪些方面？

5. 说明计算机采用二进制表达信息的原因。

6. 计算机表示数据的单位有哪些？

7. 将十进制数 128 转换成为二进制数。

8. 字节与字长的区别是什么？

9. 说明 ASCII 编码表的作用和编码方案。

10. 对照表 1-2 查出 A、Z、a、z、回车、空格键对应的 ASCII 编码。

11. 计算机有哪些组成部分？

12. 说明计算机的工作原理。

13. 说明微型计算机主板的作用。

14. 如何设置访问本计算机的密码？

15. 说明微型计算机 CMOS、BIOS 的作用和区别。

16. 说明微型计算机网卡的作用。

17. 说明微型计算机内部存储器的作用。

18. 微型计算机外部存储器有哪些种类？

19. 说明微型计算机内部存储器与外部存储器的区别。

20. 说明打印机的种类。

二、单选题

1. 软件一般分为_____两大类。

A. 高级软件、系统软件
B. 汇编语言软件、系统软件
C. 系统软件、应用软件
D. 应用软件、高级语言软件

2. 下列答案中_____不是计算机总线的简称。

A. AB
B. DB
C. CB
D. MB

3. 1GB 相当于_____。

A. 1 024MB
B. 1 024B
C. 1 024KB
D. 1 024TB

4. 微机的性能主要取决于_____。

A. RAM
B. CPU
C. 显示器
D. 硬盘

5. ASCII 编码是表示_____的代码。

A. 汉字
B. 标点符号
C. 英文字符
D. 制表符

6. CAD 是指_____。

A. 计算机辅助教学
B. 计算机辅助设计
C. 计算机辅助制造
D. 计算机辅助管理

7. 与人工处理相比，计算机的主要特点是高可靠性和_____。

A. 处理速度快
B. 操作使用方便
C. 存储信息量大
D. 模拟量与数字量相互转换

8. 在微机系统中，下列说法不正确的是_____。

A. 计算机的设备和接口，都有一个设备文件名
B. 能将设备当作文件对待
C. 不能将接口当作文件对待
D. PRN 是打印机的设备文件名

9. 不属于计算机外部设备的是_____。

A. 输入设备
B. 输出设备
C. 外部存储器
D. 主存储器

10. 以下对计算机监视器的说法正确的是_____。

A. 监视器是计算机的一种输入设备

B. 监视器必须要有相应的显卡才能工作

C. 显示器可以独立工作

D. 显示器的尺寸大小决定了它的清晰度的高低

11. 计算机中的信息都用_____来表示。

A. 二进制码　　　B. 十进制数　　　C. 八进制数　　　D. 十六进制数

12. 在微机的硬件系统组成中，控制器与运算器统称为_____。

A. CPU　　　　　B. BUS　　　　　C. RAM　　　　　D. ROM

13. 用高级语言编写的程序称为_____。

A. 执行程序　　　B. 目标程序　　　C. 源程序　　　　D. 解释程序

14. 程序是_____。

A. 计算机语言

B. 解决某个问题的文档资料

C. 解决某个问题的计算机语言的有限命令的有序集合

D. 计算机的基本操作

15. 十进制数 100 转换成二进制数是_____。

A. 1100010　　　B. 1100111　　　C. 1010111　　　D. 1100100

16. 衡量微型计算机性能的指标不包括_____。

A. 内存　　　　　B. 硬盘　　　　　C. 主频　　　　　D. 字长

17. 内存中的地址是_____。

A. 一条机器指令　B. 顺序编号　　　C. 一条逻辑信息　D. 二进制代码

18. 目前微型计算机采用的电子元件是_____。

A. 电子管　　　　B. 晶体管　　　　C. 集成电路　　　D. 大规模集成电路

19. 触摸屏属于_____。

A. 内存　　　　　B. 输入设备　　　C. 输出设备　　　D. 输入/输出设备

20. 下列与计算机接口有关的概念是_____。

A. CPU　　　　　B. USB　　　　　C. ALU　　　　　D. CAI

第 2 章
Windows 操作系统及其应用

　　本章以 Windows 7（简称 Win 7）为例介绍 Windows 操作系统的应用，主要介绍 Win 7 操作系统的基本知识、资源管理器、控制面板、附件常用工具的使用、压缩软件 WinRAR 的应用。

知识导论 ....

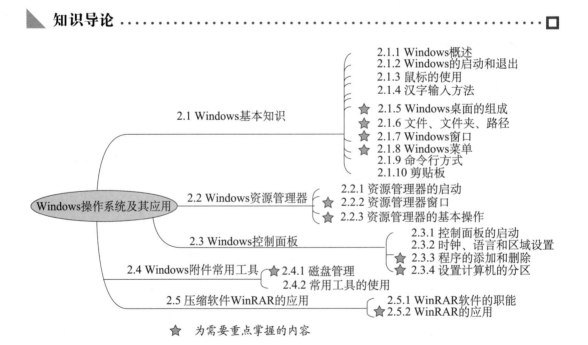

Windows操作系统及其应用
- 2.1 Windows基本知识
  - 2.1.1 Windows概述
  - 2.1.2 Windows的启动和退出
  - 2.1.3 鼠标的使用
  - 2.1.4 汉字输入方法
  - ★ 2.1.5 Windows桌面的组成
  - ★ 2.1.6 文件、文件夹、路径
  - ★ 2.1.7 Windows窗口
  - ★ 2.1.8 Windows菜单
  - 2.1.9 命令行方式
  - 2.1.10 剪贴板
- 2.2 Windows资源管理器
  - 2.2.1 资源管理器的启动
  - ★ 2.2.2 资源管理器窗口
  - ★ 2.2.3 资源管理器的基本操作
- 2.3 Windows控制面板
  - 2.3.1 控制面板的启动
  - 2.3.2 时钟、语言和区域设置
  - ★ 2.3.3 程序的添加和删除
  - ★ 2.3.4 设置计算机的分区
- 2.4 Windows附件常用工具
  - ★ 2.4.1 磁盘管理
  - 2.4.2 常用工具的使用
- 2.5 压缩软件WinRAR的应用
  - 2.5.1 WinRAR软件的职能
  - 2.5.2 WinRAR的应用

★ 为需要重点掌握的内容

2.1

Windows 基本知识

【学习目标】

※了解 Win 7 的基本职能；

※了解 Win 7 桌面的组成；

※熟练掌握 Win 7 的基本操作。

2.1.1 Windows 概述

Windows 是微软公司开发的图形化、多任务的操作系统，它可以同时运行多个应用程序。Windows 系统应用于个人电脑和服务器计算机，成为世界上使用最广泛的操作系统。随着计算机系统的不断升级，Windows 操作系统也在不断升级和完善。本章介绍 Win 7 操作系统的使用方法。

2.1.2 Windows 的启动和退出

1. 启动 Win 7

如已在计算机上成功安装了 Win 7，在接通电源后，系统会自动启动，用户可以按屏幕提示进行操作。启动成功后，选择用户账户登录，屏幕上会出现 Win 7 的桌面，如图 2-1 所示。

图 2-1 Win 7 的桌面

在系统启动过程中，持续按键盘的 F8 键，可进入安全模式。安全模式是 Windows 用于修复操作系统的模式，在安全模式下，可以帮助用户排查问题，修复系统错误。

【操作 2.1】以安全模式进入 Win 7，体会 Win 7 各种启动模式的差异。

2. 退出 Win 7

单击 Win 7 桌面左下角的"开始"按钮，出现快捷菜单后，单击右下角的"关机"按钮，可以退出 Win 7 操作系统，关闭计算机。关闭计算机可以有以下选择：

（1）切换用户：可以在当前用户程序和文件都不关闭的情况下，使用其他账户登录。

（2）注销：关闭当前用户程序，结束当前用户的 Win 7 对话，重新用其他账户登录。

（3）锁定：锁定与注销不同，注销后可以用其他账户登录，而锁定后只能用原用户名登录。如果本人不在时，为了防止别人动用你的电脑，可以选择锁定状态。

（4）睡眠：计算机处于低耗能状态，显示器关闭，计算机的风扇也停止转动，计算机只维持内存中的工作程序，操作系统会自动保存已打开的文件和程序。睡眠是计算机最快的关闭方式，也是快速恢复工作的方式。单击鼠标或键盘上的任意键，即可唤醒计算机。

（5）休眠：休眠是一种为便携式计算机设计的电源节能状态。睡眠通常会将工作和设置保存在内存中并消耗少量的电量，而休眠则将打开的文档和程序保存到硬盘中，然后关闭计算机。在 Win 7 的所有节能状态中，休眠使用的电量最少。

【操作 2.2】练习退出 Win 7 的方法，体会各种退出模式的差异。

2.1.3 鼠标的使用

鼠标常用于以下操作：

（1）指向：移动鼠标到选定的对象，会出现一个描述该对象的提示小框，说明该选项的作用。

（2）单击左键：移动鼠标指向选定的对象，按下并释放左键，表示要执行某个操作。

（3）单击右键：移动鼠标指向选定的对象，按下并释放右键，用于显示可对其进行操作的快捷菜单。

（4）双击：移动鼠标指向选定的对象，连击两次。双击常用于打开桌面上的对象。

（5）拖动：移动鼠标指向选定的对象，按住左键，将该对象移动到新位置，然后释放左键。拖动通常用于选定的对象移动到其他位置，或在屏幕上移动窗口和图标。

（6）滚轮的使用：利用鼠标的滚轮，可以控制屏幕的显示区域。

【操作 2.3】自定义鼠标。操作方法如下：

单击"开始—控制面板—鼠标"选项，在弹出的"鼠标属性"对话框中可以根据个人喜好设置鼠标，如图 2-2 所示。例如，可更改鼠标指针在屏幕上移动的速度，或更改指针的外观。如果您惯用左手，则勾选"切换主要和次要的按钮"选项后，可将主要按钮切换到右按钮。

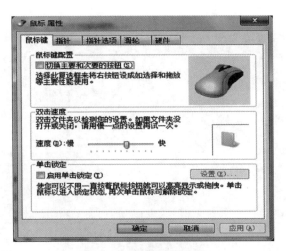

图 2-2 鼠标属性设置

2.1.4 汉字输入方法

在安装 Win 7 时，系统已经将常用的输入法安装好，并在任务栏右侧显示语言栏，如图 2-3 所示。语言栏是一个浮动的工具条，单击语言栏上表示语言的按钮或键盘的快捷键可以打开已安装的输入法列表。常用的快捷键有：

（1）Ctrl+空格键：在汉字输入法和英文输入法之间切换。

（2）Shift+空格键：在全角和半角字符之间切换，如图 2-4 所示。全角指一个字符占用两个标准字符位置，通常用于中文字符。半角指一个字符占用一个标准字符位置，半角通常用于英文字符、数字、符号等。

（3）Ctrl+Shift：在已安装的输入法之间按顺序切换。

（4）Ctrl+.：在中英文标点之间切换。

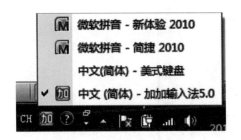

图 2-3 输入法语言栏

图 2-4 全角/半角切换

2.1.5 Windows 桌面的组成

桌面是打开计算机并登录到 Win 7 之后看到的主屏幕区域，如图 2-5 所示。桌面包括桌面图标、"开始"按钮、桌面背景、任务栏。任务栏位于屏幕的底部，显示正在运行的程序，并可以在它们之间进行切换。使用桌面左下角的按钮可以访问程序、文件夹和设置计算机。

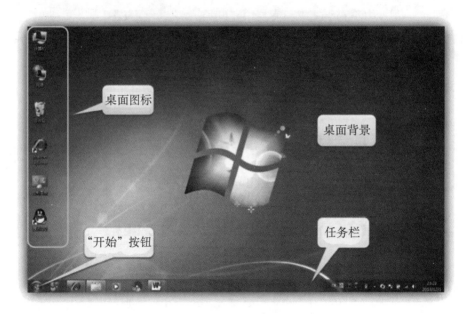

图 2-5　Win 7 桌面

1. 桌面图标

图标是代表文件、文件夹、程序和其他项目的小图片。首次启动 Win 7 时，在桌面上至少可以看到一个图标"回收站"。双击桌面图标会启动或打开它所代表的项目，以便快速访问经常使用的程序、文件和文件夹。Win 7 桌面上的常用图标有"计算机""用户的文件""控制面板""回收站"。

桌面上的图标可以随时显示或隐藏、查看、排序位置、添加、删除。桌面的图标要及时整理，过多的图标会占用计算机的内存，不常用的图标应当及时删除。在桌面单击右键会出现桌面操作快捷菜单，如图 2-6 所示。

图 2-6　桌面操作快捷菜单

【操作2.4】显示或隐藏桌面图标。操作方法如下：

● 在桌面空白处单击鼠标右键，出现桌面操作快捷菜单，选择"个性化"菜单项。

● 在"个性化"菜单窗口的左窗格中，单击"更改桌面图标"。

● 在打开的"桌面图标设置"对话框中，选中要在桌面上显示的每个图标对应的复选框。清除不想显示的图标对应的复选框，然后单击"确定"，如图2-7所示。

图2-7 显示或隐藏Win 7常用图标

（1）"计算机"图标。

"计算机"是系统文件夹，双击"计算机"图标后，屏幕上会显示如图2-8所示的窗口。在此可以访问收藏夹、库、磁盘驱动器、打印机及其他连接到计算机的硬件资源。"计算机"是访问计算机内资源的入口，实际上是打开了资源管理器，在这个窗口中可以查看并访问计算机内的各类资源。

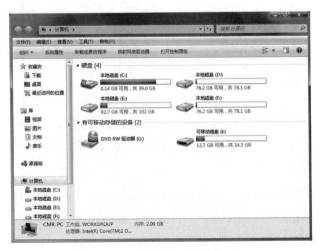

图2-8 "计算机"图标运行窗口

（2）"用户的文件"图标。

"用户的文件"是Win 7自动给每个用户建立的一个个人文件夹，桌面显示的文件夹图标是以当前登录用户账户命名的。如当前登录的用户名为 user1，则该文件夹的名称为 user1。双击此图标后，就显示图 2-9 所示的窗口。此文件夹包括"收藏夹""我的视频""我的图片""我的文档""我的音乐"等子文件夹。

图 2-9 "用户的文件"图标运行窗口

（3）"控制面板"图标。

通过"控制面板"可以进行系统设置和设备管理。双击"控制面板"图标，显示如图 2-10 所示窗口。用户可以设置 Win 7 的外观、时间、语言等，还可以查看系统账户安全，添加卸载程序。

图 2-10 "控制面板"图标窗口

（4）"回收站"图标。

当用户删除文件或文件夹时，系统并不立即将其删除，而是将其放入回收站。如果用户改变主意并决定使用已删除的文件，则可以将其取回。双击打开回收站窗口，则显示已经被逻辑删除而没有真正删除的文件或项目。

（5）快捷方式。

如果想从桌面上轻松访问常用的文件或程序，可以创建它们的快捷方式。快捷方式是一个表示与某个项目链接的图标，而不是项目本身。双击快捷方式便可以打开该项目。如果删除快捷方式，则只会删除这个快捷方式，而不会删除原始项目。

【操作 2.5】创建快捷方式。操作方法如下：

在桌面空白处单击鼠标右键，出现桌面操作快捷菜单，选择"新建—快捷方式"菜单项，出现如图 2-11 所示的创建快捷方式窗口，然后根据向导的引导完成要创建的程序、文件、文件夹或 Internet 地址的快捷方式。

图 2-11　创建快捷方式

2. "开始"菜单

单击 Win 7 桌面左下角的"开始"按钮，出现 Win 7 "开始"菜单，如图 2-12 所示，这个菜单是用户访问计算机程序、文件夹和设置的主门户。Win 7 中几乎所有的操作都可以通过"开始"菜单来实现。

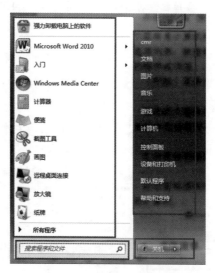

图 2-12　"开始"菜单

"开始"菜单由四个部分构成：

（1）程序列表：左边的大窗格显示计算机上程序的短列表。计算机制造商可以自定义此列表，所以其确切外观会有所不同。单击"所有程序"可以显示程序的完整列表。

（2）搜索框：左边窗格的底部是搜索框，通过键入搜索项可以在计算机上查找程序和文件。

（3）常用访问：右边窗格提供对常用文件夹、文件、设置和功能的访问。可以自定义右边窗格的内容。

（4）关机：在这里可注销 Win 7 或关闭计算机。

【操作 2.6】菜单的定制。操作方法如下：

（1）右键单击桌面底部的任务栏，选择"属性"，打开"任务栏和'开始'菜单属性"对话框，如图 2-13 所示。

（2）选择"'开始'菜单"选项卡，单击"自定义"按钮。

（3）在如图 2-14 所示的"自定义'开始'菜单"对话框中，选择所需选项及此项目的外观，选好后按"确定"按钮。

 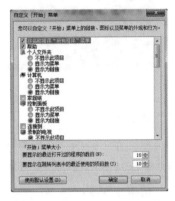

图 2-13　"开始"菜单属性对话框　　图 2-14　自定义"开始"菜单

3. 桌面背景

桌面背景可以是个人收集的数字图片，或 Win 7 提供的图片，或纯色或带有颜色框架的图片。可以选择一个图片作为桌面背景，也可以显示幻灯片图片。

【操作 2.7】设置桌面背景。操作方法如下：

在桌面空白处点击鼠标右键，选择"个性化"选项，在弹出的窗口中选择"桌面背景"，即可以在弹出的窗口中设置背景图，如图 2-15 所示。

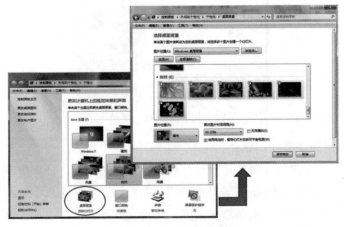

图 2-15　设置桌面背景

4. 任务栏

任务栏是位于屏幕底部的水平长条，如图 2-16 所示，从左到右依次为：

（1）"开始"按钮：用于打开"开始"菜单。

（2）快速启动区：显示常用程序的快捷图标，单击图标可以快速启动程序。

（3）程序按钮区：在中间部分，显示已打开的程序和文件，并可以在它们之间进行快速切换。查看任务栏就可以知道当前有哪些正在运行的程序。

（4）系统通知区：包括时钟以及一些告知特定程序和计算机设置状态的图标。

（5）"显示桌面"按钮：点击此按钮，可以用来显示桌面。

图 2-16 任务栏

【操作 2.8】设置任务栏属性。操作方法如下：

（1）鼠标右键单击任务栏空白区选择"属性"命令，打开"任务栏和'开始'菜单属性"对话框，如图 2-17 所示。

（2）选择"任务栏"选项卡，可设置任务栏外观、通知区域、预览桌面按钮等。

（3）若要重新排列任务栏上快速启动程序的图标，可直接将图标拖动到相应位置。如果想将常用程序的快捷方式图标一直显示在任务栏中，可以右键单击任务栏上的程序图标，选择"将此程序锁定到任务栏"，如图 2-18 所示。

图 2-17 任务栏设置

图 2-18　将程序锁定到任务栏

5. 桌面小工具内容

Win 7 桌面还包含了很多小工具。鼠标右键单击桌面空白处，出现快捷菜单，选择"小工具"菜单项，在弹出的如图 2-19 所示的窗口中可以选择系统提供的小工具，选中后该工具就显示在桌面上。

图 2-19　小工具

2.1.6　文件、文件夹、路径

1. 文件

文件是保存文本、图像、音乐的符号集合，可以是程序、文档、图片、音频、视频等。文件存储在磁盘上，文件通过文件名进行命名和管理。文件名由文件名和扩展名组成，中间用"."隔开。文件名中不能包含 /、\、:、*、?、"、<、>、| 这些字符。扩展名通常用来表示文件的类型，由 1~4 位字符组成，保存文件时必须给出文件名。

2. 文件夹

文件夹也叫作目录，文件夹可以存储其他文件夹或文件。文件夹中包含的文件夹通常称为"子文件夹"。在文件夹中可以创建任何数量的子文件夹，每个子文件夹中又可以容纳任何数量的文件和其他子文件夹。

3. 路径

路径是描述文件存储位置的标识。为了便于数据的管理，计算机硬盘通常被划分为多个逻辑分区，用盘符来表示，如"C："" D："" E："等。要描述文件的路径，首先要输入盘符，然后依次输入各级文件夹名，盘符和文件夹名之间用"＼"隔开。例如 D 盘 data 文件夹下的子文件夹 mp3 下有一个文件 a1. mp3，则文件的路径为：D：＼ data ＼ mp3 ＼ a1. mp3。

2.1.7 Windows 窗口

Win 7 采用了多窗口技术，即可以同时打开多个应用程序，如图 2 - 20 所示。

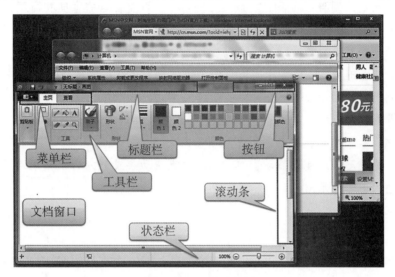

图 2 - 20　Win 7 窗口

Win 7 窗口由标题栏、菜单栏、工具栏、最大化按钮、最小化按钮、关闭按钮、滚动条、状态栏等组成，不同类型的窗口也会有其他的按钮、框等。Win 7 常见的窗口有应用程序窗口、文件夹窗口、对话框窗口。对话框窗口是一种具有交互功能的特殊类型窗口，一般在执行菜单命令或单击命令按钮后出现，它要求用户选择不同的选项来执行任务，如图 2 - 21 所示。

图 2 - 21　对话框窗口

【操作 2.9】窗口的基本操作。

窗口的操作包括打开、关闭、移动、放大、缩小等。在桌面上可同时打开多个窗口。

（1）移动窗口：窗口只有在非最大化时才可以进行移动。将鼠标指向窗口标题栏，按住鼠标左键不放就可以将窗口拖动到指定的位置。

（2）窗口的最大化、最小化和恢复：标题栏右上角自左向右三个按钮分别是窗口最小化、窗口最大化、关闭窗口。

● 窗口最小化与还原：用鼠标单击窗口的最小化按钮，窗口会缩小为任务栏上的图标，若要将图标还原成窗口，只需单击任务栏中的图标即可。

● 窗口最大化与还原：最大化按钮有两种状态，图案为单个矩形时，用鼠标单击该按钮，则窗口将充满整个屏幕，此时该按钮图案将变成两个前后重叠的矩形。再单击此按钮则窗口恢复到最大化前的大小，按钮图案也还原为单个矩形。

● 关闭窗口：用鼠标单击关闭按钮"×"，当前窗口即关闭。

（3）窗口大小的调整：当窗口非最大化时，可以调整窗口的宽度和高度。

● 调整窗口宽度：将鼠标指向窗口的左边框或右边框，鼠标指针会变成"↔"，用鼠标拖动一边到所需宽度。

● 调整窗口的高度：将鼠标指向窗口的上边框或下边框，鼠标指针会变成"↕"，用鼠标拖动一边到所需的高度。

● 同时调整窗口高度和宽度：将鼠标指向窗口边框的任意一个角，待鼠标指针变成"↖"或"↗"后，用鼠标拖动一个角到所需的大小。

（4）窗口的滚动：用鼠标拖动窗口右侧的垂直滚动条或下方的水平滚动条，可以将窗口内未显示全的内容显示出来。

2.1.8 Windows 菜单

Win 7 菜单分为下拉式菜单和弹出式菜单两种。下拉式菜单如图 2-22 所示，弹出式菜单，如图 2-23 所示。如果菜单选项旁有"…"，则表示选择该选项将弹出一个对话框，需要用户输入数据。如果菜单项右边有一个顶点向右的黑色三角形，则表示该菜单还有下一级菜单。

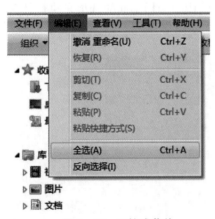

图 2-22　下拉式菜单

图 2-23　弹出式菜单

2.1.9 命令行方式

Win 7 中提供了 MS-DOS 模式，在该模式下可执行 MS-DOS 命令。单击 Win 7 桌面的"开始"按钮，选择"所有程序—附件—命令提示符"，出现如图 2 - 24 所示的窗口。

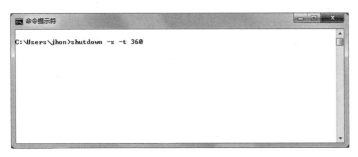

图 2 - 24　MS-DOS 模式

【操作 2.10】利用命令自动关闭计算机。操作方法如下：

如果希望在 360 秒后计算机自动关机，可以输入命令"shutdown -s -t 360"。

2.1.10　剪贴板

剪贴板是将文件或项目复制或移动，并打算在其他地方使用的临时存储区域。可以选择文本或图形，然后使用"剪切"或"复制"命令将所选内容移至剪贴板，在使用"粘贴"命令将该内容插入其他地方之前，它会一直存储在剪贴板中。例如，要复制一段文字到文档中，这段文字会临时保存在剪贴板中。在大多数 Win 7 程序中都可以使用剪贴板。

【操作 2.11】练习剪贴板复制粘贴操作。

（1）剪切（Ctrl＋X）：将所选内容移动到剪贴板中。

（2）复制（Ctrl＋C）：将所选内容复制到剪贴板中。

（3）粘贴（Ctrl＋V）：将剪贴板的内容插入指定的位置。

（4）屏幕复制：在任何时候按下键盘上的 PrtSc 键，就可以将当前整个屏幕的内容以图片的形式复制到剪贴板中；若同时按下 Alt 和 PrtSc 键，就可以将当前活动窗口的内容以图片的形式复制到剪贴板中。

2.2

Windows 资源管理器

📚【学习目标】

※了解 Win 7 资源管理器窗口的组成；

※熟练使用 Win 7 资源管理器对文件进行管理；

※了解库与文件夹的区别。

2.2.1 资源管理器的启动

资源管理器是 Win 7 系统对文件、文件夹进行管理的工具,有三种启动方式:

(1) 单击任务栏上的资源管理器快捷图标;

(2) 选择"开始—所有程序—附件—Windows 资源管理器";

(3) 在 Win 7 桌面的"开始"按钮,单击右键出现快捷菜单,选择"打开 Windows 资源管理器"选项。

2.2.2 资源管理器窗口

如图 2-25 所示的资源管理器窗口。

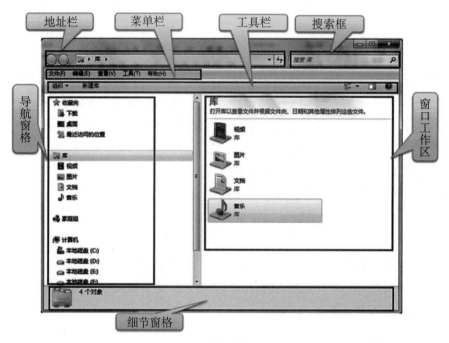

图 2-25 资源管理器窗口

(1) 地址栏:地址栏显示当前打开的文件夹路径。每个路径都由不同的按钮连接而成,单击按钮可以在相应的文件夹间切换。

(2) 搜索框:输入要搜索的信息,可以在计算机中搜索对应的文件或程序。

(3) 窗口工作区:显示当前窗口的内容或执行某项操作后显示的内容,内容较多时会出现滚动条。

(4) 菜单栏:显示资源管理器的主要菜单命令。

(5) 工具栏:该工具栏显示了与当前窗口内容相关的常用工具按钮,打开不同的程序,工具栏中显示的工具按钮会不同。

(6) 窗格:单击工具栏的"组织"按钮,选择"布局"命令,可以选择要显示的窗格

42

类型，通常资源管理器有导航窗格、细节窗格和预览窗格。

2.2.3 资源管理器的基本操作

资源管理器最重要的功能是对文件和文件夹进行管理，它可以进行文件及文件夹的选择、新建、移动、复制、删除等操作。

1. 选择文件或文件夹

在对文件或文件夹进行操作前要先将其选定，选择的方法如下：

（1）选择单个文件：用鼠标单击所选的文件或文件夹。

（2）选择多个文件：选择一组连续的文件，先单击第一个文件，然后按住 Shift 键，再移动鼠标到最后一个文件上单击左键，再松开 Shift 键，该组连续的文件即被选中。如果要同时选中多个不连续的文件，则按住 Ctrl 键，逐个单击要选中的文件即可。

（3）选中全部文件：在资源管理器菜单栏的"编辑"菜单下或"组织"按钮下有"全选"命令，选择即可。或按 Ctrl＋A 快捷键即可选中当前窗口工作区内的所有文件。

（4）取消已选中文件：如要取消已选中的文件，则按住 Ctrl 键单击要取消的文件。如要全部取消，用鼠标单击窗口空白处即可。

（5）反向选择：在选择某些文件后，要选择未被选中的文件，则在菜单栏的"编辑"菜单下选择"反向选择"命令。

2. 移动、复制文件或文件夹

（1）文件或文件夹的复制：选中要复制的文件或文件夹，再按住 Ctrl 键，用鼠标拖动到指定位置；或选中后单击鼠标右键，选择"复制"命令，然后进入指定文件夹，单击鼠标右键选择"粘贴"命令，即可完成复制操作。

（2）文件或文件夹的移动：选中要移动的文件或文件夹，再按住 Shift 键，用鼠标拖动到指定位置。如果在同一个磁盘的文件夹之间移动，则在拖动时不用按 Shift 键。

3. 删除文件或文件夹

在系统中删除的文件或文件夹，系统会默认将它们放入回收站，即"逻辑删除"，如果需要恢复已删除的文件或文件夹，可以从回收站中还原。如果对回收站进行清空，则文件和文件夹会从计算机中彻底删除。具体的逻辑删除方法有：

（1）使用资源管理器菜单栏上"文件"菜单中的"删除"命令，可删除选择的文件或文件夹。

（2）用鼠标右键单击选择的文件或文件夹，选择"删除"命令，即可删除。

（3）选中要删除的文件或文件夹后，按住键盘上的 Del 键，即可删除。

如果在进行逻辑删除的同时按住 Shift 键，则文件和文件夹会被彻底删除，即"物理删除"，此时删除的内容将无法恢复。

4. 文件或文件夹的重命名

在选中的文件或文件夹上单击鼠标右键，选择"重命名"命令，即可在原文件或文件夹名称上修改或重新输入文件名，按 Enter 键即可确认。

5. 调整显示环境

用户可以调整 Win 7 资源管理器的工作区的显示环境，以便于查看文件的相关属性信息。

（1）点击资源管理器菜单栏的"查看"菜单项，可出现图 2-26 所示的内容，其中显示了超大图标、大图标、中等图标、小图标、列表、详细信息、平铺、内容八种显示方式，用户可以根据自己的需要选择相应的显示方式。

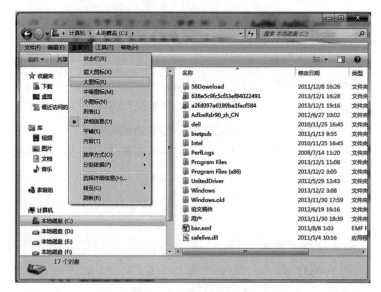

图 2-26 资源管理器显示方式设置

（2）选中"状态栏"命令，则在该命令项前出现√标识，且在窗口底部显示状态栏。再次单击，√消失，状态栏被隐藏。

（3）选中"刷新"命令，则当前工作区的内容将更新为调整变动后的状态。

（4）单击"排序方式"命令，则出现一个级联菜单，分别可以按"名称"、"修改日期"、"类型"、"大小"，以及"递增"、"递减"方式进行文件或文件夹的排序。也可以用鼠标右键单击空白处选择"排序方式"命令进行排序。

6. 查看文件或文件夹属性

鼠标右键单击被选中的文件或文件夹，即可显示该文件的属性。不同类型文件属性窗口显示的信息会有所不同，图 2-27 所示为一个文件夹的属性窗口。

7. 查找和查看

（1）查找文件或文件夹。

通过资源管理器窗口的搜索框可以快速查找文件或文件夹。在搜索框中输入要查找的文件名，就会在资源管理器右边窗口工作区中显示包含此关键字的所有文件或文件夹。

当不确定要查找的文件或文件名时，可以用通配符代替，常用的通配符有 * 和?。 *

代表任意多个字符,？代表任意单个字符。

图 2-27　查看文件夹属性

（2）查看文件或文件夹视图。

在 Win 7 系统中有些系统文件是不能删除的，为了避免误操作，可以将这些系统文件隐藏。Win 7 系统默认文件名的扩展名是隐藏的，但为了便于查看文件类型，可以将文件的扩展名直接显示出来。其方法是：选择资源管理器菜单栏中的"工具"，选中"文件夹选项"，在弹出的对话框中选择"查看"选项卡，如图 2-28 所示，就可以根据用户的需要选中要查看的信息或属性。若在设置后点击"应用到文件夹"按钮，则在查看所有文件夹时均使用设置后的视图方式。

图 2-28　文件夹选项

2.3
Windows 控制面板

📖 【学习目标】

※了解控制面板的主要功能；
※学会使用控制面板进行系统环境的设置。

2.3.1 控制面板的启动

"控制面板"是用来对 Win 7 系统进行设置的一个工具集，用户可以通过这些工具查看或改变 Win 7 系统的设置。从"开始"菜单或桌面图标均可以打开控制面板窗口，如图 2-29 所示。

图 2-29 控制面板窗口

2.3.2 时钟、语言和区域设置

在控制面板中打开"时钟、语言和区域"窗口，可以进行这些选项的设置，如图 2-30 所示。

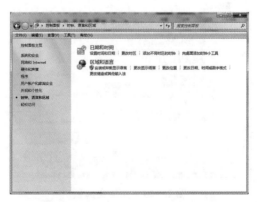

图 2-30 时钟、语言和区域设置窗口

1. 设置日期和时间

选择"日期和时间"选项,打开设置对话框如图 2-31 所示。在此可以调节系统的日期和时间。单击"更改时区"便可以设置某一地区的时区。

2. 设置区域和语言

在"时钟、语言和区域"窗口中选择"区域和语言"设置选项,打开对话框,选择"键盘和语言"选项卡,单击"更改键盘",在如图 2-32 所示的"文本服务和输入语言"对话框中,可以添加或删除输入语言,设置默认输入语言等。

图 2-31 日期和时间设置

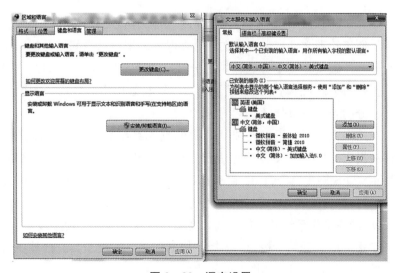

图 2-32 语言设置

2.3.3 程序的添加和删除

如果想删除不再使用的应用程序，可执行软件自带的卸载程序或使用控制面板中的卸载程序功能。不能采用删除一般文件或文件夹的方式删除应用程序，因为应用程序安装时，会在系统初始化或注册表中留下相关信息。

在控制面板窗口选择"程序"图标，出现如图 2 - 33 所示窗口，可以选择"卸载程序""查看已安装的更新""打开或关闭 Windows 功能"等选项。单击"程序和功能"，可卸载或更改程序。

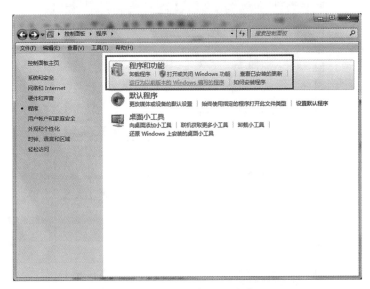

图 2 - 33　控制面板—程序窗口

2.3.4 设置计算机的分区

磁盘是指计算机的硬盘，用于保存操作系统软件和用户的数据文件。现在的磁盘容量不断增大，为了便于管理文件，需要将文件分类保存。把磁盘空间划分成若干区域的操作过程称作磁盘分区。磁盘分成主分区、扩展分区，每个分区有一个名称，可以命名为 C、D、E 等。主分区是硬盘的启动分区，默认为 C。硬盘划出主分区后，剩余部分是扩展分区，扩展分区又分为若干逻辑分区。

磁盘必须有一个主分区，用于安装计算机的操作系统软件，这样计算机才能正常启动。文件保存在指定分区中，文件分配表负责记录文件的信息。记录文件信息的格式有 FAT 32 格式和 NTFS 格式。FAT 32 和 NTFS 格式的磁盘分区的主要区别：FAT 32 分区格式采用 32 位的文件分配表，一个文件的存储容量不能超过 4G（2^{32}）字节；NTFS 分区格式是 Windows 网络操作系统的文件格式，突出特点是安全性、稳定性、可靠性好。

单击 Win 7 桌面的"开始"按钮，选择"控制面板—管理工具—计算机管理—磁盘管理"选项，出现磁盘分区窗口，如图 2 - 34 所示。

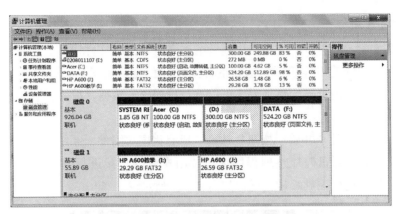

图 2-34　控制面板—磁盘分区窗口

Windows 附件常用工具

【学习目标】

※了解 Win 7 附件常用工具；
※学会使用几种常用工具。

2.4.1　磁盘管理

1. 磁盘清理

Win 7 系统在运行时会产生大量的临时文件，主要包括系统生成的临时文件、回收站内的文件、访问互联网时下载的文件等。这些临时文件会占据磁盘空间，造成空间浪费。运用 Win 7 系统的"磁盘清理"程序，可以清理临时文件。

单击 Win 7 桌面的"开始"按钮，选择"所有程序—附件—系统工具—磁盘清理"，即打开"磁盘清理"对话框，选择要清理的驱动器，点击"确定"后，即开始磁盘清理，如图 2-35 所示。

图 2-35　磁盘清理

2. 磁盘碎片整理

在保存文件时，计算机系统会使用连续的磁盘区域保存文件内容。但是当文件被修改时，文件的存放位置就不连续了，这样的磁盘空间就称为磁盘碎片。文件修改的次数越多，磁盘碎片越多。磁盘碎片整理程序可以重新排列碎片数据，以便磁盘和驱动器能够更有效地工作。

单击 Win 7 桌面的"开始"按钮，选择"所有程序—附件—系统工具—磁盘碎片整理程序"选项，即打开磁盘碎片整理程序窗口，用户可以直接进行磁盘整理，还可以选择"配置计划"，定期进行磁盘碎片整理，如图 2 - 36 所示。

图 2 - 36　磁盘碎片整理

2.4.2　常用工具的使用

1. 写字板

写字板是 Win 7 自带的文字处理软件，适合比较短小、版式简单的文本的处理。写字板程序中可进行段落、字体等格式的设置，也可以插入图片等对象。写字板文件的扩展名为 rtf。写字板界面如图 2 - 37 所示。

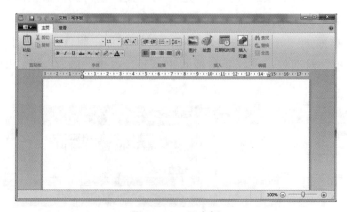

图 2 - 37　写字板

2. 记事本

记事本是 Win 7 自带的基本文本编辑器，用记事本编辑的文本不带任何格式，记事本创建的文件扩展名为 txt。如果要删除一段文本的格式，可以将该文本复制到记事本中再重新保存，这样文本的特殊格式就全部删除了。记事本界面如图 2 - 38 所示。

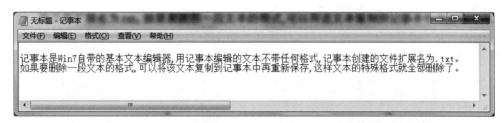

图 2 - 38　记事本

3. 画图

画图软件可以建立、简单编辑、打印图片文件。画图窗口包括标题栏、菜单栏、绘图栏、绘图区、工具栏、调色板和状态栏等，如图 2 - 39 所示。在画图软件中，可对图片进行裁剪、拼贴、移动、复制、保存和打印等操作。用画图软件保存图片时，默认的扩展名是 bmp。

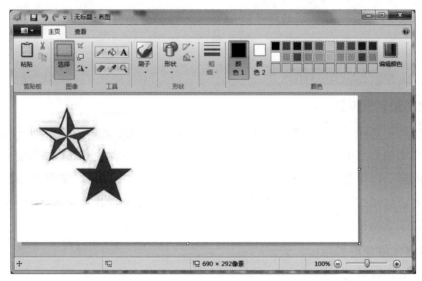

图 2 - 39　画图

4. 媒体播放器

利用媒体播放器软件可以处理流媒体、DVD、MP3 等格式的文件。流媒体是一种新的媒体传送方式，它通过网络传输音频、视频或多媒体文件。Windows Media Player 软件（简称 WMP）是 Windows 系统自带的播放器，它可以播放现今最流行的音频、视频等多媒体文件。

5. 录音机的操作

使用 Windows 中的录音机功能，不但可以播放声音，还可以录制、混合、编辑声音文件（＊.wav），录制的声音不但可以来自麦克风，而且可以来自计算机声卡。例如，课件中随着教师讲解，可将相应背景音乐录制其中，增加播放效果。使用录音机录音，计算机中需要安装好声卡、音箱或耳机，还有麦克风。

单击 Win 7 桌面的"开始"按钮，选择"所有程序—附件—录音机"选项，出现如图 2-40 所示的窗口。在如图 2-40 所示的窗口，单击"开始录制"按钮，即可开始录音。

图 2-40　Windows 录音机操作界面

2.5

压缩软件 WinRAR 的应用

2.5.1　WinRAR 软件的职能

1. 数字量和模拟量

现实中的信息除了文本信息外，还有图形、图像、声音、动画和视频等形式的模拟信息。计算机中的信息由于采用二进制存储（称作数字量），因此出现了模拟信号与数字信号转换的问题。以声音为例，采集声音需要将模拟量通过 A/D（模/数转换器）转换成数字信号，才能存储在计算机中。为了播放声音，计算机需要将数字信号通过 D/A（数/模转换器）转换成模拟信号。

2. 多媒体信息的表示

（1）文本信息的表示。

英文文本信息的表示采用 ASCII 编码方案，汉字信息的表示采用汉字国标编码方案。

（2）声音。

声音数字化信息的表示与采样频率、采样位数、声道数和声音持续时间有关。

声音的数据量＝（采样频率×采样位数×声道数×声音持续时间）/8（字节）

● 采样频率是指录音设备在一秒钟内对声音信号的采样次数，采样频率越高声音的还原就越真实越自然。在当今的主流声卡上，采样频率一般共分为 22.05KHz、44.1KHz、48KHz 三个等级，22.05KHz 只能达到调频广播的声音品质，44.1KHz 则是理论上的 CD

音质，48KHz 则更加精确一些。

● 采样位数可以理解为声卡处理声音的解析度。这个数值越大，解析度就越高，录制和回放的声音就越真实。常见的有 8 位、16 位、24 位、32 位。

● 声道数，目前声卡配置 5.1 声道、7.1 声道。

例如，CD 音乐光盘的采样频率为 44.1KHz、采样位数为 16 位、声道数为 5.1、1 首歌曲为 6 分钟，声音数据量的计算方法是：（44.1×16×5.1×360）/8≈161 935.2（Kb）≈158（Mb）。

（3）静态图像。

静态图像数字化信息的表示与垂直方向的分辨率、水平方向的分辨率和颜色深度有关。

静态图像的数据量＝（垂直方向的分辨率×水平方向的分辨率×颜色深度）/8（字节）

例如，一幅分辨率为 1 024×768、颜色深度为 24 的静态真彩色图像，静态图像数据量的计算方法是：1 024×768×24/8≈2.3（MB）。

（4）动态视频。

动态视频数字化信息的表示与分辨率、颜色深度、帧频和播放时间有关。

动态视频的数据量＝（分辨率×颜色深度×帧频×播放时间）/8（字节）

帧频是指每秒播放静止画面的数量。

例如，PAL 制式的彩色电视，帧频为 25、颜色深度为 24、每帧画面为 625 行、高宽比为 4：3、1 秒钟的动态视频数据量的计算方法：（625×4/3）×625×24×25/8≈37.25（MB）。

3. 多媒体信息的冗余

冗余是指信息的多余度。一般而言图像、音频数据中存在数据冗余。

（1）空间冗余。这是图像数据经常存在的一种冗余。在同一幅图像中规则物体和规则背景的表面特性具有相关性，这些相关性的光成像结构在数字化图像中就表现为数据冗余。

（2）时间冗余。时间冗余在图像序列中就是相邻帧图像之间有较大相关性，一帧图像中的某物体或场景可以由其他帧图像中的物体或场景重构出来。音频的一个连续的渐变过程中也存在同样的时间冗余。

（3）视觉冗余。人眼对于图像场的注意是非均匀的，人眼并不能觉察图像场的所有变化。事实上人类视觉的一般分辨率为 26 灰度等级，而一般图像的量化采用的是 28 灰度等级，即存在着视觉冗余。

（4）听觉冗余。人耳对不同频率的声音的敏感度是不同的，并不能察觉所有频率的变化，因此存在听觉冗余。

（5）结构冗余。图像一般都有非常强的纹理结构。纹理一般都是比较有规律的结构，因此在结构上存在冗余。

（6）知识冗余。图像的理解与某些基础知识有很大的相关性。例如，人脸的图像有同样的结构，嘴的上方有鼻子，鼻子上方有眼睛，鼻子在正脸图像的中线上等。这些规律性可由某些基础知识得到，此类冗余为知识冗余。

（7）其他冗余。多媒体数据除了上述冗余类型外，还存在其他一些冗余类型。

4. 多媒体数据压缩和解压缩

多媒体的信息量是多媒体的数据量与多媒体冗余数据量的和。由于各种媒体信息（特别是图像和动态视频）的数据量非常大。这么大的数据量不仅超出了计算机的存储和处理能力，也是当前通信信道的传输速率所不能达到的。因此，为了存储、处理和传输这些数据，必须对多媒体信息进行数据压缩。数据压缩的核心是计算方法，不同的计算方法，产生不同形式的压缩编码，以解决不同数据的存储与传送问题。数据的解压缩是对压缩的数据按照某种算法标准进行还原的处理。

数据压缩方法种类繁多，可以分为无损（无失真）压缩和有损（有失真）压缩两大类，无损压缩编码采用统计编码，而有损压缩则采用预测或者变换编码等。

（1）无损压缩算法。

无损压缩是指解码后的数据与压缩之前的原始数据完全一致，不会产生失真。无损压缩利用数据的统计冗余进行压缩，可完全恢复原始数据而不引起任何失真，但压缩率受到数据统计冗余度的理论限制，一般为 2：1 到 5：1。这类方法广泛用于文本数据、程序和特殊应用场合的图像数据的压缩。由于压缩比的限制，仅使用无损压缩方法不可能解决图像和数字视频的存储和传输问题。无损压缩编码属于可逆编码，其压缩比一般不高。典型的可逆编码有霍夫曼编码、算术编码、LZW 编码等。

（2）有损压缩算法。

有损压缩是指解码后的数据与原始数据不一致，会有失真。有损压缩方法利用了人类视觉对图像中的某些频率成分不敏感的特性，允许压缩过程中损失一定的信息。虽然不能完全恢复原始数据，但是所损失的部分对理解原始图像的影响较小，而且可有大得多的压缩比。有损压缩广泛应用于语音、图像和视频数据的压缩。有损压缩编码在压缩时舍弃部分数据，还原后的数据与原始数据存在差异。有损压缩具有不可恢复性和不可逆性。有损压缩编码类型有预测编码、变换编码等。

5. WinRAR 软件的职能

WinRAR 软件压缩功能强大，具有独特的压缩算法，软件的职能包括：

（1）压缩是指利用 WinRAR 压缩软件对原始文件按照压缩算法压缩"打包"，这样原始文件将以压缩包的形式存在，其文件名称是"＊.rar"。

（2）解压缩是指利用 WinRAR 压缩软件，对压缩包文件按照压缩算法解压缩，使原始文件被"还原"。

利用 WinRAR 软件压缩原始文件时，可以将压缩的文件设置密码，这样不知道密码的人无法打开压缩包进行解压缩处理，也就无法查看原始文件的内容，因此可以保证文件的安全。另外，如果原始文件的数据量很大，压缩文件时可以分卷保存为多个压缩包。

2.5.2 WinRAR 的应用

1. 压缩文件

将"D：\2018\03"文件夹中的所有文件，产生"03. rar"压缩文件的操作方法如下：

（1）如图 2 - 41 所示，打开 Win 7 资源管理器，选择所有文件，单击鼠标右键出现快捷菜单，选择"添加到压缩文件（A）…"菜单项，出现 WinRAR 压缩文件窗口，如图 2 - 42所示。

图 2 - 41 资源管理器窗口

（2）如图 2 - 42 所示，设置压缩参数，输入压缩后的压缩文件名，单击"确定"，计算机开始工作产生压缩文件，本例的压缩文件名是 03. rar。

图 2 - 42 WinRAR 压缩文件窗口

（3）创建自解压文件。

有的时候，我们需要创建自解压文件，这样就可以不需要压缩软件的支持，计算机可以直接解压缩。在图 2 - 42 所示的窗口，勾选"创建自解压格式压缩文件"选项，文件名由"＊.rar"变成了"＊.exe"。

（4）生成分卷自解压文件。

在进行数据压缩时，可以用压缩软件指定压缩文件的大小、分卷压缩的办法压缩文件。在图 2 - 42 所示的窗口，设置"切分为分卷（V），大小"的值，单击"确定"按钮，计算机开始进行分卷压缩，这种压缩方式会生成多个压缩文件包。

（5）加密压缩。

可以设置压缩文件的密码，在图 2 - 42 所示的窗口，点击"设置密码（P）…"选项。

2. 解压缩文件

将"03.rar"文件解压缩的操作方法如下：

（1）利用 Win 7 资源管理器找到需要解压缩的文件，单击鼠标右键出现快捷菜单，选择"解压缩文件（A）…"菜单项，出现如图 2 - 43 所示的 WinRAR 解压缩文件窗口。

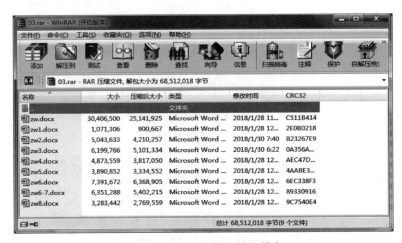

图 2 - 43　WinRAR 解压缩文件窗口

（2）在图 2 - 43 所示的窗口，单击"解压到"按钮。开始解压缩文件，压缩文件被还原。

习　题

一、简答题

1. 资源管理器有什么作用？

2. "开始"菜单由哪几部分组成？

3. 什么是剪贴板？常用的剪贴板快捷键有哪些？

4. 简述回收站的作用。

二、操作题

1. 在计算机 D 盘上创建一个名称为 new 的文件夹，在该文件夹下新建文件 list.txt。

2. 在桌面建立一个指向 list.txt 的快捷方式，快捷方式名为"list"。

三、单选题

1. 启动 Win 7 操作系统后，桌面默认显示的图标是_____。

A. "计算机""回收站"　　　　　　B. "回收站"和"开始"按钮

C. "计算机""回收站""Word"　　　D. "开始"按钮和"计算机"

2. 在 Win 7 中，调整窗口大小的操作是拖放_____。

A. 标题栏　　　　B. 窗口角　　　　　C. 滚动条　　　　　D. 窗口边框

3. 在 Win 7 中，要设置任务栏属性，应如何打开属性菜单？_____。

A. 打开"资源管理器"

B. 打开"开始"菜单

C. 右键单击任务栏空白区，选择"属性"

D. 右键单击桌面空白处

4. 下面说法错误的是_____。

A. 隐藏文件在浏览时不能显示

B. 隐藏是文件的属性之一

C. 只有文件夹可以隐藏，文件不能隐藏

D. 隐藏文件并没有删除文件

5. 下列关于快捷方式的描述错误的是_____。

A. 快捷方式提供了对常用程序或文件的访问路径

B. 快捷方式图标左下角有一个小箭头

C. 快捷方式改变了程序在计算机上的存储位置

D. 删除快捷方式不会对源程序或文件产生影响

6. Win 7 中可以设置、控制计算机硬件配置的应用程序是_____。

A. 回收站　　　　B. 记事本　　　　　C. 资源管理器　　　D. 控制面板

7. 在 Win 7 资源管理器中选择了文件或文件夹后，若要将它们复制到该驱动器的其他文件夹下，在拖动鼠标时使用的按键是_____。

A. Ctrl　　　　　B. Shift　　　　　　C. Alt　　　　　　D. Del

8. 在 Win 7 的中文输入方式下，中英文输入方式之间切换应按的键是_____。

A. Ctrl＋空格　　B. Ctrl＋Shift　　　C. Ctrl＋C　　　　D. Ctrl＋V

9. 当一个程序窗口最小化时，该程序将_____。

A. 被删除　　　　B. 缩小为任务栏图标　C. 被关闭　　　　　D. 被移走

10. 在 Win 7 操作系统下，将整个屏幕画面全部复制到剪贴板上使用的键是_____。

A. PrtSc　　　　B. Home　　　　　　C. F5　　　　　　　D. Esc

11. 关于 Win 7 窗口的描述正确的是_____。

A. 屏幕上只能出现一个窗口

B. 屏幕上可以出现多个窗口，但只有一个是活动窗口

C. 屏幕上可以出现多个活动窗口

D. 屏幕上只能出现三个窗口

12. 在 Win 7 中，剪贴板是用来在程序和文件间传递信息的临时存储区，这个存储区是_____。

A. 回收站的一部分　　　　　　　　B. 硬盘的一部分

C. 内存的一部分　　　　　　　　　D. 桌面的一部分

13. 在资源管理器中，选定多个非连续文件时，单击鼠标左键的同时要按住的键为_____。

A. Ctrl　　　　　　B. Shift　　　　　　C. Alt　　　　　　D. Space

14. 资源管理器中的库是_____。

A. 一个特殊的文件　　　　　　　　B. 一个特殊的文件夹

C. 一个磁盘　　　　　　　　　　　D. 用户快速访问一组文件或文件夹的路径

15. 在 Win 7 中，通过"记事本"保存的文件，默认的扩展名是_____。

A. doc　　　　　　B. txt　　　　　　C. exe　　　　　　D. bmp

第 3 章
Word 文字编辑

Word 软件是 **Microsoft Office** 办公软件中的文字处理软件，本章介绍 **Word 2010** 的文本编辑、表格处理、图文处理、排版和打印等功能。

知识导论 ···□

3.1

Word 基本知识

📖【学习目标】

※了解 Word 的主要功能；

※熟悉 Word 工作窗口的组成元素；

※掌握文档的基本操作，学会使用常用视图。

3.1.1 Word 的主要功能

Word 主要用于文档的编辑排版，它的主要功能有：

（1）文字编辑：可以进行各种字符的输入、修改、删除、移动、复制、查找、替换等操作。同时可以进行文档拼写检查、自动更正、英文语法检查等操作。

（2）表格制作：可以创建和修改表格，设置表格的版面格式。

（3）图文处理：可以在文档中添加图形、图片、SmartArt 图形等元素，可以进行图文混排。

（4）排版控制：可以进行文档格式的编排。

（5）打印控制：可以进行文档格式、页面格式的编排和打印。

3.1.2 Word 的启动和退出

1. 启动 Word 软件

启动 Word 程序，可以单击 Win 7 桌面左下角的"开始"按钮，选择"所有程序－Microsoft Office－Microsoft Word 2010"选项，出现 Word 软件的主窗口。

2. 退出 Word 软件

退出 Word 软件，可以选择 Word 菜单栏"文件"选项中的"退出"选项。

3.1.3 Word 的工作窗口

启动 Word 软件后，出现图 3－1 所示的 Word 软件编辑窗口。

如图 3-1 所示的窗口，包括菜单栏、工具栏、标尺、编辑区、状态栏、滚动条。

（1）标题栏：显示正在编辑的文档的文件名以及所使用的软件名。

（2）快速访问工具栏：常用命令位于此处，例如，"保存"、"撤销"和"恢复"。在快速访问工具栏的末尾有一个下拉菜单，在其中可以添加其他常用命令或经常需要用到的命令。如图 3-2 所示，被选中的命令前有√标志，这些命令会被添加到快速访问工具栏中。

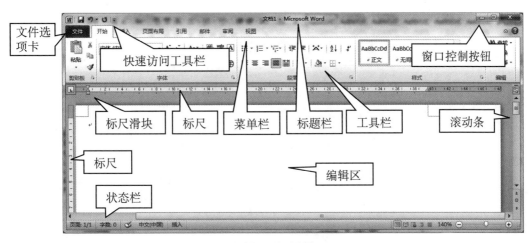

图 3-1 Word 软件编辑窗口

图 3-2 自定义快速访问工具栏

（3）文件选项卡：单击此按钮可以查找对文档进行操作的命令，例如，"新建"、"打开"、"另存为"、"打印"和"关闭"。

（4）工具栏：编辑操作常用的工具。

（5）编辑区：显示正在编辑的文档的内容。

（6）滚动条：用于浏览正在编辑的文档内容。

（7）状态栏：显示正在编辑的文档的相关信息。

（8）标尺：设置文档的位置格式。

3.1.4 文档的基本操作

在菜单栏选择"文件"选项，可以新建、保存、打开、关闭文档。

1. 新建文档

选择"文件—新建"菜单项，出现如图 3-3 所示窗口。用户可以选择所需的模板，根据模板建立一个新文档，也可以新建一个空白文档。

图 3-3　新建文档

空白文档是不带格式的文档，用户可以根据需要设置文档的格式、版面，也可以利用 Word 提供的模板或样式建立文档，免去设置格式、版面的烦琐操作。

模板在 Word 中是以 dot 为扩展名的文档，它通常由一个或多个样式组成，主要为了方便用户使用预先设计好的文档格式。可以登录 office.com 下载模板。用户也可以"根据现有内容新建"模板，新建模板以 dot 格式保存后，就可以在以后的操作中重复使用了。

Word 的样式是指用名称保存的字符格式和段落格式的集合，这样在编排重复格式时，先创建一个该格式的样式，然后在需要的地方套用这种样式，就无须一次次地对它们进行重复的格式设置了。

2. 保存文档

用户新建文件后，选择"文件—另存为"菜单项，出现如图 3-4 所示的"另存为"对话框，在保存的位置输入文件名、选择保存类型，然后单击"保存"即可。如果是对磁盘上已经存在的文档进行编辑，可直接选择"文件—保存"，或单击快速访问工具栏上的 按钮保存文件。Word 2010 文档的默认扩展名为 docx，如果想保存为 Word 97-2003 兼容格式，可选择保存为扩展名为 doc 的文件。

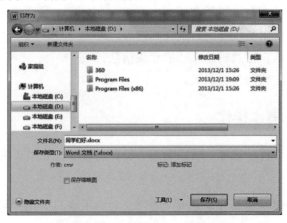

图 3-4　"另存为"对话框

3. 打开文档

选择"文件—打开"菜单项，在弹出的"打开"对话框中选择要打开的文件，然后单击"打开"按钮，即可在 Word 工作窗口中打开该文档，如图 3-5 所示。

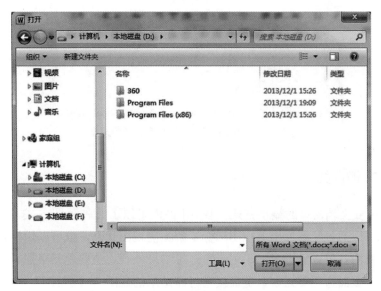

图 3-5　"打开"对话框

4. 关闭文档

选择"文件—关闭"菜单项或单击窗口右上角的×关闭按钮，即可关闭正在编辑的文档。如果在关闭前没有对文档进行保存，则会弹出保存对话框，请用户做出选择，如图 3-6所示。

图 3-6　"关闭"对话框

【操作 3.1】利用模板建立个人简历。操作方法如下：

在图 3-3 所示的窗口，选择"新建—Office.com 模板—简历和求职信—实用简历（传统型）"选项，下载后出现如图 3-7 所示的窗口，将其保存为"例 3-1-个人简历.docx"。

63

图 3-7　利用模板制作个人简历（传统型）

3.1.5　文档视图

视图是 Word 文档窗口的显示方式，Word 提供了以下几种视图方式，分别对应不同的图标，用户可以通过状态栏上的视图图标了解当前视图状态，也可以切换到其他视图。

（1）页面视图：可以显示 Word 文档的打印结果外观，主要包括页眉、页脚、图形对象、分栏设置、页面边距等元素，是最接近打印结果的视图。

（2）阅读版式视图：以图书的分栏样式显示 Word 文档，"文件"按钮、功能区等窗口元素被隐藏起来。在阅读版式视图中，用户还可以单击"工具"按钮选择各种阅读工具。

（3）Web 版式视图：以网页的形式显示 Word 文档，Web 版式视图适用于发送电子邮件和创建网页。

（4）大纲视图：主要用于更改 Word 文档的设置和显示标题的层级结构，并可以方便地折叠和展开各种层级的文档。大纲视图广泛用于 Word 长文档的快速浏览和设置中。

（5）草稿视图：取消了页面边距、分栏、页眉、页脚和图片等元素，仅显示标题和正文，是最节省计算机系统硬件资源的视图方式。

3.2

文本编辑与排版

📖【学习目标】

※熟练掌握文本编辑的基本操作：剪贴、复制、移动、查找替换；

※熟练掌握字体、段落格式的设置方法；

※熟练掌握页眉和页脚、页面背景的设置方法。

3.2.1　文本编辑的基本操作

1. 插入

插入点是指在文档中要输入字符的位置。当鼠标在文档编辑区中移动时鼠标指针就变成 I 的形状，将鼠标移动到需插入字符的位置，单击鼠标后，即可确定插入位置。也可以使用键盘的↑、↓、←、→、Home、End、PageUp、PageDown 操作键进行快速定位。

2. 选择内容

用鼠标拖动可以选择文本，将光标移到要选择的文本区域第一个字符的左侧，然后拖动鼠标到最后一个字符，被选中的文本区域反白显示，释放鼠标就可以选中所需的内容。还可以用鼠标快捷方式选择不同区域的文本。

（1）选择一行文本：将鼠标指针移到文本选定区的左侧空白处，并指向欲选中的文本行，当鼠标指针变成一个向右倾斜的箭头◢时，单击鼠标左键，即可选中一行文本。

（2）选择一段文本：将鼠标指针移到文本选定区的左侧空白处，并指向欲选中的文本段落，当鼠标指针变成一个向右倾斜的箭头◢时，双击鼠标左键，即可选中一段文本。

（3）选择矩形区域：将鼠标指针移到要选择区域的左上角，按住 Alt 键不放，同时拖动鼠标到要选择区域的右下角。

（4）选择整篇文档：将鼠标指针移到文本选定区的左侧空白处，当鼠标指针变成一个向右倾斜的箭头◢时，连续三次单击鼠标左键，即选中整篇文档。使用组合键 Ctrl＋A 也可选中整篇文档。

3. 删除内容

选择文本内容后，可按 Del 键删除文本。在未对文档进行保存前，可使用键盘组合键 Ctrl＋Z 恢复刚刚删除的文本或其他编辑操作，也可以单击快速访问工具栏的 按钮，撤销刚才的操作，单击 右侧的下箭头按钮，可显示最近的操作，可以用单击鼠标恢复到其中的某一步操作前的状态，如图 3-8 所示。

图 3-8　撤销键入按钮

4. 剪贴、移动和复制

使用剪贴板功能，可以对选择的文本内容进行移动、复制。

（1）移动：选中内容后单击鼠标右键，选择"剪切"命令，然后将鼠标光标定位到要移动的位置，单击鼠标右键选择"粘贴"命令，即可完成移动操作；也可以使用 Ctrl＋X、Ctrl＋V 完成移动；还可以用鼠标直接拖动选中的文本来移动。

（2）复制：选中内容后单击鼠标右键，选择"复制"命令，然后将鼠标光标定位到要移动的位置，单击鼠标右键选择"粘贴"命令，即可完成移动操作。也可以使用 Ctrl＋C、Ctrl＋V 完成移动。

5. 查找、替换和定位

（1）查找。

选择"开始"选项卡中的 $\bigcap$ 查找 选项，出现图 3－9 所示的窗口，在文档编辑区左侧显示导航窗口，输入要搜索的内容，可以在文档中进行查找。导航窗口中还提供了三种浏览方式：浏览标题、浏览页面、浏览搜索的内容。

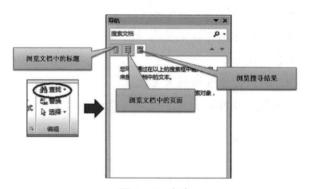

图 3－9　查找

（2）替换。

选择"开始"选项卡中的 替换 选项，出现图 3－10 所示的"查找和替换"对话框，输入要查找替换的内容，单击"查找下一处"，符合条件的字符就在文档中反相显示，单击"替换"或"全部替换"，就可以完成新内容的替换。

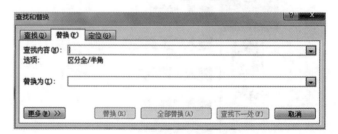

图 3－10　查找和替换

（3）定位。

在图 3－10 所示对话框中选择"定位"选项卡，可以选择定位目标进行定位操作，如

图 3-11 所示。

图 3-11　查找和替换—定位

6. 插入符号

在 Word 文档中可以插入特殊符号，单击"插入—符号 Ω 符号—其他符号"，出现如图 3-12所示的窗口，选择要插入的符号。

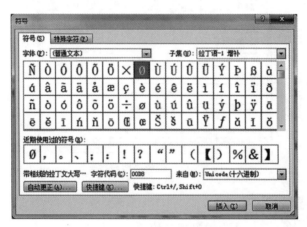

图 3-12　"符号"对话框

【操作3.2】编辑一篇文档，将所有全角逗号换成半角逗号，用红色标记出来。

3.2.2　字体和段落设置

Word 中可以对英文字母、汉字、数字、符号等进行字体格式设置，对段落的对齐方式、行距、缩进、间距、分栏等进行设置，对文档的显示方式、打印效果进行设置，以实现用户的排版需求。

1. 字体格式设置

在对字体格式进行设置前，要先选中需设置的文本区域，然后通过以下几种方式完成字体的设置。

（1）在"开始"选项卡中选择"字体"功能区命令进行设置，如图 3-13 所示。

（2）单击"开始"选项卡"字体"功能区右下角的 按钮，在弹出的对话框中进行设置，如图 3-14 所示。

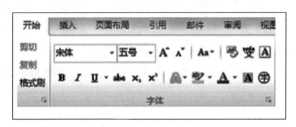

图 3-13　"字体"功能区

图 3-14　字体设置对话框

2. 段落格式设置

在进行段落设置前，要先选中需设置的段落。

（1）在"开始"选项卡中选择"段落"功能区命令进行设置，如图 3-15 所示。

（2）单击"开始"选项卡"段落"功能区右下角的 按钮，在弹出的对话框中进行设置，如图 3-16 所示。

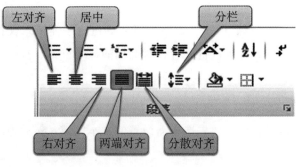

图 3-15　"段落"功能区

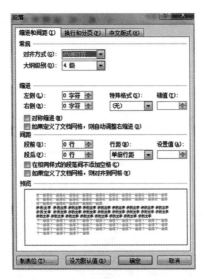

图 3-16　"段落"对话框

段落的设置方法如下：

（1）对齐方式：段落的对齐方式有左对齐、居中对齐、右对齐、两端对齐、分散对齐。选择不同的对齐方式时，在"预览"区中将显示相应的效果，用户可以根据预览效果选择。

（2）缩进：用户可以通过标尺上的滑块来进行段落格式的设置，首行缩进、悬挂缩进、左缩进、右缩进。

（3）行间距：在图 3-16 所示对话框中可设置段前、段后、行距。

（4）如果要在多个文本区域使用同一格式，可使用格式刷命令。选中被复制的格式文本，单击"开始—剪贴板"上的格式刷按钮，鼠标变成一把刷子形状，然后用这个带刷子的光标选中要设置的文本区域即可。

3.2.3　项目符号和编号

Word 提供了可自动编排的项目符号和编号，这样可以使文档标题和列表显得更加清晰。

（1）选中要进行编号的段落，然后单击"段落"功能区中的"项目符号"按钮，可以设置项目符号，如图 3-17 所示。

图 3-17　项目符号

（2）单击"段落"功能区中的"编号"按钮，可以设置项目编号，如图 3-18 所示，用户可从编号库中选择所需的编号格式。

（3）单击"段落"功能区中的"多级列表"按钮，如图 3-19 所示，可用于大篇幅文档的列表编排。

图 3-18　项目编号

图 3-19　多级列表

【操作 3.3】编辑一篇文档。输入多段文字，为每一段加段落编号，编号用阿拉伯数字表示；设置段落间距为段前 1 行，行间距为固定值 14 磅；第 1 段居中对齐，设置为小 5 号带下划线字，如图 3-20 所示。

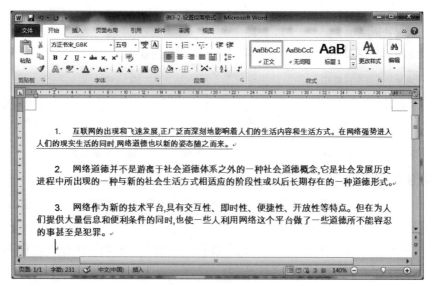

图 3-20　设置段落格式

3.2.4　页面背景、页眉和页脚

1. 页面背景设置

选中要编辑的段落，在"页面布局"选项卡中的"页面背景"功能区中可进行水印、页面颜色、页面边框的设置。

（1）水印：水印是文本或在文档文本后面显示的图片，Word 自带了一些水印图案，用户也可以根据自己的需要将图片、剪贴画、照片等自定义为水印，如图 3-21 所示。

（2）页面颜色：单击"页面颜色"按钮，可以设置页面背景颜色或背景图案。如图 3-22所示。

（3）页面边框：单击"页面边框"可以进行边框、底纹的设置，如图 3-23 所示。

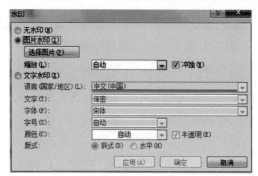

图 3-21　自定义水印

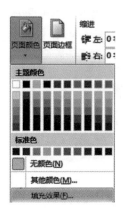

图 3-22 页面颜色设置　　　　　　　　图 3-23 边框底纹设置

2. 页眉和页脚

页眉和页脚是页面顶部和底部显示的注释性文字、编号、图形等，在"插入"选项卡的"页眉和页脚"功能区中进行设置。

点击"页眉和页脚"功能区的"页眉"按钮，弹出下拉列表，用户可以在 Word 提供的样式中选中所需的页眉样式，也可以选中"编辑页眉"自行编辑。选中命令后，文档编辑区的内容显示变灰，光标移动到页眉区域内，用户可以输入所需的文本或图片内容，如图 3-24 所示。

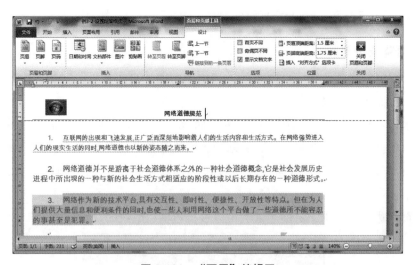

图 3-24 "页眉"编辑区

点击"页眉和页脚"功能区的"页脚"按钮，弹出下拉列表，用户可以在 Word 提供的样式中选中所需的页脚样式，也可以选中"编辑页脚"自行编辑。选中命令后，文档编辑区的内容显示变灰，光标移动到页面底部页脚区域内，用户可以输入所需的文本或图片内容，如图 3-25 所示。

点击"页眉和页脚"功能区的"页码"按钮，弹出下拉列表，用户可以选择页码插入的位置、设置页码格式。

图 3 – 25 "页脚"编辑区

【操作 3.4】编辑一篇文档。输入多段文字,第 3 段加灰色底纹;设置页眉为任意一个图片、文章标题;设置水印纹理。如图 3 – 26 所示。

图 3 – 26 编辑文档

3.3
表格的编辑

📚【学习目标】

※掌握创建表格的方法;

※能够熟练使用表格"布局"功能,完成表格的插入、删除以及调整表格内容格式的操作。

3.3.1　表格的建立

在菜单栏选择"插入"选项，用鼠标单击"表格"功能区，即显示插入表格命令列表，如图 3 - 27 所示。

图 3 - 27　插入表格命令列表

1. 使用网格快捷方式

用户可选择插入表格功能列表最上方的网格快速插入表格。在网格框中，使用鼠标指针从左上角第一个网格开始向右下移动到所需的行数和列数，单击后即可完成插入表格操作。

2. 使用插入表格对话框

单击"插入表格"，弹出"插入表格"对话框，在如图 3 - 28 所示的对话框中输入所需插入表格的列数和行数，设置列宽，单击"确定"按钮，即可插入表格。

图 3 - 28　"插入表格"对话框

3. 绘制表格

单击"绘制表格"命令，鼠标指针变成画笔形状，用户可以通过鼠标拖动画笔，在文档所需位置绘制表格，如图 3－29 所示。在绘制表格的同时，功能区自动显示为"表格工具"功能区，用户可以在绘制的过程中对表格进行编辑。

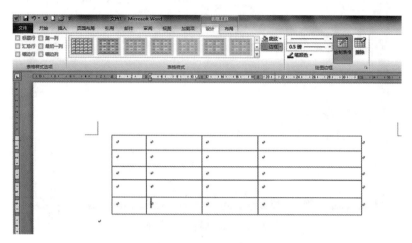

图 3－29 绘制表格

4. 文本转换成表格

可以在文档中先输入表格内容，然后选择"文本转换成表格"命令，可自动转换成表格形式，并将文本填入表格。但在操作前，需先将文本内容的行列标注清楚，插入段落标记表示分行，插入半角逗号表示分列。

【操作 3.5】文本转换成表格。将下面一段文本转换成表格：

班级，学号，姓名，性别，出生日期

计算机 94 班，01，张明，男，1994.1

计算机 94 班，02，李然，女，1994.6

计算机 94 班，03，王淼，女，1994.3

选中上面文本内容，然后单击"表格—文本转换成表格"，在弹出的如图 3－30 所示的对话框中输入列数，单击"确定"，这段被选中的文本就转换成了图 3－31 所示的表格。

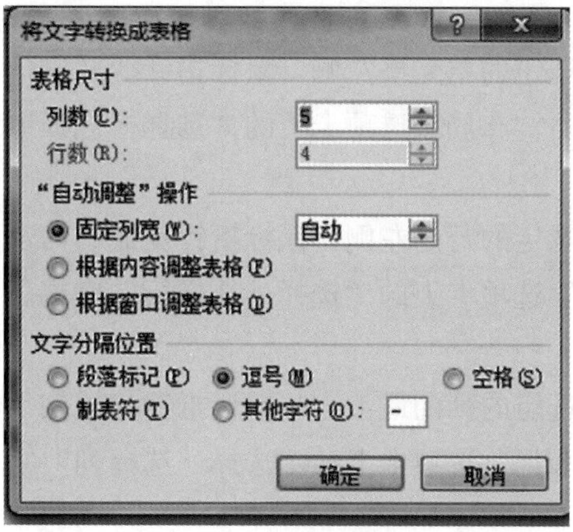

图 3－30 "将文本转换成表格"对话框

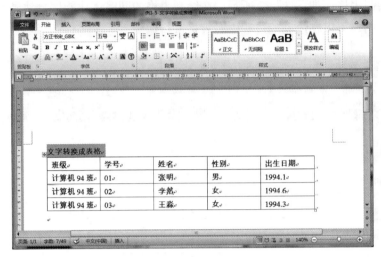

图 3 - 31　文本转换表格样例

3.3.2　表格的编辑

在插入表格后，可以对表格的格式、表格中的内容进行编辑。当鼠标指针定位在表格上的任意位置时，即自动显示"表格工具"，在该功能下有"设计""布局"两个选项卡。如图 3 - 32 所示，用户可以使用这两个选项卡中的功能进行表格的编辑。

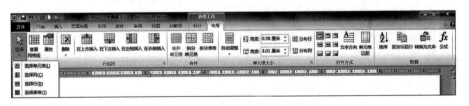

图 3 - 32　表格"布局"选项卡

1. 选择表格

（1）选择单元格。

将鼠标指针移动到要选定的单元格左侧，鼠标指针变成右向黑箭头，单击鼠标，即选中该单元格。也可使用表格"布局"选项卡上的"选择—选择单元格"完成。

（2）选择一行。

将鼠标指针移动到要选定的行的左侧，鼠标指针变成右向箭头，单击鼠标，即选中该行。也可使用表格"布局"选项卡上的"选择—选择行"完成。

（3）选择一列。

将鼠标指针移动到要选定的列的最上方，鼠标指针变成向下黑箭头，单击鼠标，即选中该列。也可使用表格"布局"选项卡上的"选择—选择列"完成。

（4）选择整个表格。

将鼠标指向要选定的表格的左上角，当表格的左上角出现 ⊕ 时，单击即可选中整个表格。也可使用表格"布局"选项卡上的"选择—选择表格"完成。

2. 删除表格

在选中要删除的表格单元格、行、列之后，单击鼠标右键，在弹出的快捷菜单中选择"删除"即可删除选择项。也可以使用表格"布局"选项卡中的"删除"命令。如图3－33所示在列表中选择对应的命令即可完成删除操作。

图 3－33　删除表格

3. 插入表格

将鼠标指针定位到要插入单元格、行或列的位置，然后选择表格"布局"选项卡中的"行和列"功能区相应的插入命令即可完成。如果要插入行或列，可直接选择该功能区上的按钮；如要插入单元格，则单击该功能区右下角的箭头，在弹出的"插入单元格"对话框中选择原单元格要移动的位置即可，如图3－34所示。

也可以在定位鼠标后，点击鼠标右键，在弹出的快捷菜单中选择"插入"命令，进行插入表格的操作。

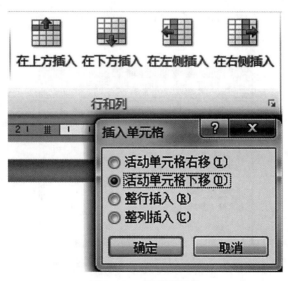

图 3－34　插入单元格

4. 合并、拆分单元格

（1）合并：选择要合并的两个或多个单元格，单击鼠标右键选择"合并单元格"，即可完成合并操作；也可以选择"布局"选项卡中"合并"功能区中的"合并单元格"命令完成。

（2）拆分：选择要拆分的单元格，单击鼠标右键选择"拆分单元格"，在弹出的对话框中输入要拆分成的列数和行数，单击"确定"即可完成，如图 3-35 所示。也可以选择"布局"选项卡中"合并"功能区中的"拆分单元格"命令完成。单击"合并"功能区中的"拆分表格"还可以将一个表格拆分成两个。

图 3-35　拆分单元格

5. 表格属性设置

（1）单击表格"布局"选项卡中"单元格大小"功能区右下角的箭头可弹出"表格属性"对话框（或在表格中单击鼠标右键选择"表格属性"命令）。在这个对话框中可设定表格的尺寸、表格在文档中的对齐方式、表格周围文字环绕方式、行高、列宽、单元格内容的对齐方式等，如图 3-36 所示。

（2）在"布局"选项卡中还提供了"自动调整""对齐方式"功能，方便用户进行表格格式的调整，如图 3-37 所示。

图 3-36　"表格属性"对话框

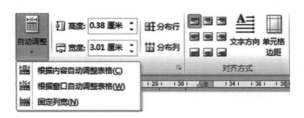

图 3-37 "布局"选项卡中的格式调整功能

6. 表格设计

Word 2010 还在表格工具的"设计"选项卡中提供了表格样式、边框、底纹等设置功能，用户可以设计出各种风格的表格样式，如图 3-38 所示。

图 3-38 表格"设计"选项卡

【操作 3.6】设计表格。登录国家统计局网站，利用合并单元格和边框效果，编制全国高校普通本科、专科在校生和毕业生人数表格。如图 3-39 所示。

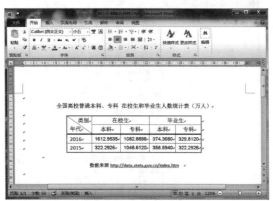

图 3-39 设计表格

3.4

图形的制作与编辑

【学习目标】

※掌握在 Word 文档中插入各种形状图形的方法；
※掌握设置图形格式的方法。

3.4.1 绘制图形

Word 具有绘制各种图形的功能，图形类型包括线条、矩形、基本形状、箭头总汇、公式形状、流程图、星与旗帜、标注共八种。

1. 插入形状

在"插入"选项卡上的"插图"功能区中，单击"形状"，在弹出的如图 3-40 所示的列表中，选择要插入的图形。鼠标指针变成十字形后，将十字指针定位在需要绘制图形的位置，按下鼠标并拖动，即可绘制该图形。绘制图形后，可使用鼠标拖动图形边框来调整图形的大小。单击要向其中添加文本的形状，然后键入文本就可以在形状中添加文本内容。

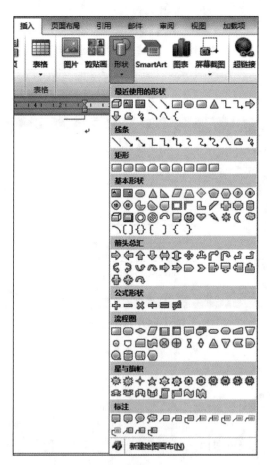

图 3-40　插入形状

2. 插入流程图

（1）在创建流程图之前，要先绘制画布。

（2）单击"插入"选项卡，单击"插图"中的"形状"，然后单击"新建绘图画布"，来添加绘图画布。

（3）在"插图"功能区的"形状"中，选择一种连接符线条，进行流程图形状的连接。

3.4.2 图形格式

在文档上插入所需图形后，单击图形，在菜单栏出现如图 3-41 所示的绘图工具"格式"选项卡，利用"格式"选项卡中的命令可以设置图形格式、美化图形。

图 3-41 图形"格式"选项卡

1. 更改形状

单击要更改的形状，在"格式"选项卡上的"插入形状"功能区中，单击"编辑形状"，指向"更改形状"，然后选择其他形状，即可将原形状更改为新的形状。

2. 使用形状样式

在"形状样式"功能区中，将鼠标指针停留在某一样式上以查看应用该样式时形状的外观，单击样式即可应用；单击"形状填充""形状轮廓"选择所需的选项，改变形状外观；单击该功能区右下角箭头，将弹出如图 3-42 所示的"设置形状格式"对话框，在该对话框内也可进行图形格式的设置。

图 3-42 "设置形状格式"对话框

3. 组合所选形状

在按住键盘上的 Ctrl 键的同时单击要组合的每个形状。在"格式"选项卡上选择"排列—组合"，或单击鼠标右键选中"组合"命令，如图 3-43 所示，就可以将所有形状作为单个图形来处理。图形组合后，可通过右键菜单中的"取消组合"命令来恢复。

图 3 - 43 "组合"命令

4. 使用阴影和三维效果

在"格式"选项卡上的"形状样式"中，单击"形状效果"选项，然后选择一种效果，就可以增强形状的吸引力，如图 3 - 44 所示。

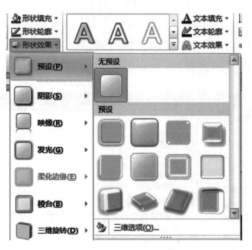

图 3 - 44 形状效果

5. 叠放图形

插入的图形可能会叠放在一起，选中图形后，单击鼠标右键，可通过"置于顶层""置于底层"的操作调整图形的叠放次序，如图 3 - 45 所示。

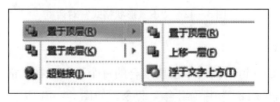

图 3 - 45 调整图形叠放次序

3.5

Word 对象的插入

【学习目标】

※熟练掌握在文档中插入图片、文本框、SmartArt 的操作；

※熟练掌握调整各种图形对象格式的方法；

※掌握通过图文混排美化文档的操作。

3.5.1　插入图片

（1）插入图片文件：单击"插入"选项卡上的"插图—图片"，出现如图 3－46 所示的"插入图片"对话框，用户可以选中计算机中已存储的图片插入文档中。

（2）插入剪贴画：单击"插入"选项卡上的"插图—剪贴画"，即"剪贴画"界面，用户可在"搜索文字"框内输入要搜索的文件关键词，如输入"人物"并单击"搜索"按钮，即在下方的显示区中显示与人物相关的图片，选中所需图片单击后即插入文档。

图 3－46　"插入图片"对话框

3.5.2　插入文本框

文本框被视为一种特殊的图形，经常用来在文档中建立特殊的文本。

单击"插入"选项卡中的"文本—文本框"选项，出现如图 3－47 所示的下拉列表，Word 内置了一些样式的文本框供用户选择，也可以选择自己"绘制文本框"。如选择"绘制文本框"，则可拖动鼠标在文档上绘制一个文本框图形，然后在文本框内添加文字，默认的文本框是矩形的。对图形使用的格式操作也可以应用于文本框。

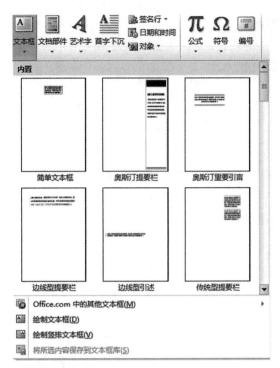

图 3-47　插入文本框

3.5.3　插入 SmartArt 图形

SmartArt 图形是信息和观点的视觉表示形式。可以从多种不同布局中进行选择来创建 SmartArt 图形，从而快速、轻松、有效地传达信息。如要创建一个组织结构图，就可以通过下面插入 SmartArt 图形的操作来完成：

点击"插入"选项卡中的"插图—SmartArt"，出现如图 3-48 所示的"选择 Smart-Art 图形"对话框。

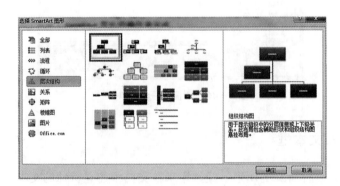

图 3-48　"选择 SmartArt 图形"对话框

根据要创建的组织结构图的形状，可以在"层次结构"中选择一种图形。如选择第一种组织结构图，在文档中就会出现图 3-49 所示的编辑区，在编辑区的文本框内输入内容。然后通过设置图形格式即可轻松完成组织结构图的绘制。

【操作3.7】设计组织机构图。某公司下设人事部门、销售部门和财务部门，销售部门下设国内销售部门和国外销售部门，该公司组织机构图如图3-49所示。

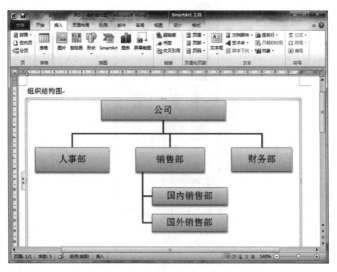

图3-49　SmartArt图形编辑区

3.5.4　屏幕截图

单击"插入"选项卡中的"插图—屏幕截图"选项，在如图3-50所示的列表框中，选择要截图的视窗，该视窗的图像就直接显示在文档要插入的位置。

如要自行截取部分图像，则选择"屏幕剪辑"，通过拖动鼠标选择要截图的区域。

图3-50　屏幕截图

3.5.5　图文混排

如果在文档中同时出现文字和图片时，可以对这两种对象的位置进行设置，使得图文排版更加美观。

在图片或图形"格式"选项卡中单击"排列—位置"按钮，则显示图片布局功能列表，在该列表中可以根据图示效果选择文字和图片的混排样式，如图 3-51 所示。

图 3-51　图文混排样式

3.6

邮件合并

【学习目标】

※了解邮件合并技术的职能；
※掌握主文档、数据源和合并域的作用；
※掌握邮件合并的操作过程。

3.6.1　邮件合并概述

1. 邮件合并

Office 提供的邮件合并功能用来批量打印准考证、明信片、信封、工资条、邀请函等具有规律性的内容。邮件合并操作需要建立主文档、数据源文件。

2. 主文档、合并域、数据源

以打印获奖证书为例介绍邮件合并的操作过程，主文档是证书的内容，证书的名称、内容、发放单位和时间固定不变。证书中的人名、证书等级是可变的内容，称作合并域。证书中获奖人员的姓名、奖项等级的数据来自数据源文件，文件可以是 Word 表格形式，也可以是 Excel 工作表。

3.6.2 邮件合并的操作过程

1. 建立数据源文件

如图3-52所示，建立 Word 软件表格，输入获奖人员的姓名和获奖奖项。

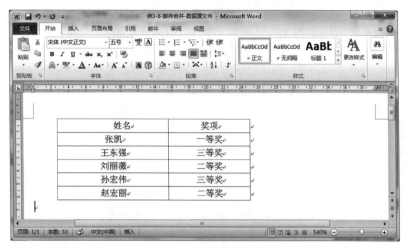

图3-52 数据源文件

2. 建立主文档文件

如图3-53所示，建立获奖证书的主文档。

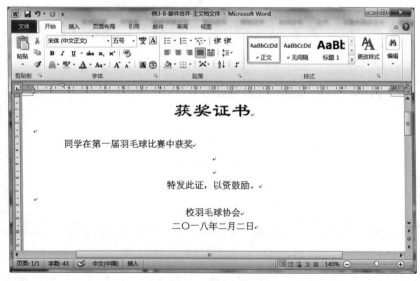

图3-53 主文档文件

3．邮件合并操作

（1）如图3-53所示，打开主文档文件，单击"邮件"选项卡中的"开始邮件合并—信函"选项。

（2）单击"邮件"选项卡中的"选择收件人—使用现有列表"选项，选定数据源文件。

（3）如图 3-53 所示，将光标移动到"同学"位置，单击"邮件"选项卡中的"编写和插入域—插入合并域"选项，出现如图 3-54 所示窗口，选择域"姓名"项，单击"插入"按钮。同理，插入奖项域，出现如图 3-55 所示窗口。

图 3-54　插入合并域

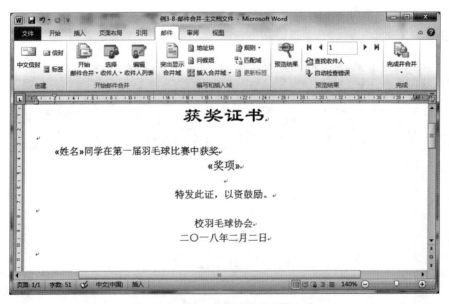

图 3-55　插入合并域的主文档文件

（4）单击"邮件"选项卡中的"完成合并—编辑单个文件"选项，可以得到全部获奖证书的结果，结果文件可以另存为一个新文档。

3.7

Word 文档的页面设置和打印

📚【学习目标】

※能够根据文档设计的需要熟练进行页面设置；
※熟练使用打印预览和打印功能。

3.7.1 页面设置

在对文档进行打印输出前，要进行文档的页面设置。在"页面布局"选项卡的"页面设置"功能区，如图3-56所示，单击右下角的箭头打开图3-57所示的"页面设置"对话框，完成页面设置操作。

图3-56 "页面设置"功能区

图3-57 "页面设置"对话框

1. 页边距

可对页面的上、下、左、右边距，装订线、装订线位置进行设置；设置文本在纸张上排版时纸张的横竖方向、页码范围。在预览窗口中可查看设置效果。

2. 纸张

可设置打印输出的纸张大小、纸张来源等。

3. 版式

可设置页眉/页脚与边界的距离、页面的对齐方式、奇偶页设置、边框底纹等。

4. 文档网格

可设置每页的行数、每行的字数、字体格式、文字排版方向及栏数等。

3.7.2 打印预览、打印基本参数设置

在 Word 页面视图中看到的文档与最终输出的文档具有相同的样式，所见即所得。在打印文档前可以通过"打印预览"功能，在屏幕上显示打印效果。

选择"文件—打印"选项，可以在屏幕右侧窗口查看到打印效果。在左侧窗口中，可以进行打印设置，设置打印机、打印份数、打印页数、纸张大小等，如图 3-58 所示。

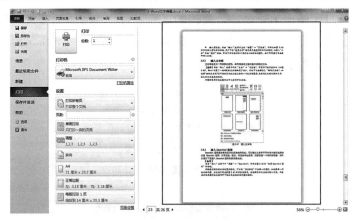

图 3-58 打印功能

习 题

一、简答题

1. Word 2010 有几种视图方式？每种视图方式在什么情况下使用？

2. 选择整篇文档有哪几种方法？

3. 首行缩进与悬挂缩进有什么区别？

4. 文本框是否可以更改形状？

二、单选题

1. Word 2010 文档默认的扩展名是_____。

A. ppt   B. docx   C. exe   D. bmp

2. 插入页眉和页脚，要切换到_____视图方式。

A. 大纲视图   B. 页面视图   C. 草稿视图   D. 阅读视图

3. 在 Word 编辑状态下，绘制文本框命令所在的选项卡是_____。

A. 开始   B. 插入   C. 引用   D. 视图

4. 在 Word 编辑状态下，若要设置字体三维效果，首先应打开_____。

A. "剪贴板"窗格　　　　　　　　B. "段落"对话框

C. "样式"对话框　　　　　　　　D. "字体"对话框

5. 在 Word 中，创建表格不应该使用的方法是_____。

A. 使用绘图工具画一个　　　　　B. 使用表格拖曳方式

C. 使用"快速表格"命令　　　　　D. 使用"插入表格"命令

6. 在 Word 编辑状态，调整段落的缩进方式、左右边界，最快速的方法是使用_____。

A. 标尺　　　　　B. 选项卡　　　　　C. 菜单栏　　　　　D. 状态栏

7. 创建页眉和页脚时使用的选项卡是_____。

A. 开始　　　　　B. 文件　　　　　C. 插入　　　　　D. 页面布局

8. 在 Word 默认状态下，能够直接打开最近使用过的文档的方法是_____。

A. 单击快速访问工具栏中的"打开"按钮

B. 选择"文件"选项卡中的"打开"

C. 单击"文件"选项卡，在列表中选择

D. 使用快捷键 Ctrl＋O

9. 在 Word 编辑状态下，执行编辑命令"粘贴"后_____。

A. 将文档中被选择的内容复制到当前插入点处

B. 将文档中被选择的内容移到剪贴板

C. 将剪贴板中的内容移到当前插入点处

D. 将剪贴板中的内容复制到当前插入点处

10. 最接近打印效果的视图方式是_____。

A. 普通视图　　　　B. 页面视图　　　　C. 阅读视图　　　　D. 大纲视图

11. 设定打印纸大小时，应使用的命令是_____。

A. "文件"选项卡中的"保存"　　　B. "文件"选项卡中的"打印"

C. "视图"选项卡中的"显示比例"　D. "开始"选项卡中的"样式"

12. 要向文档中添加符号▲，应先打开_____。

A. "文件"选项卡　　　　　　　　B. "开始"选项卡

C. "格式"选项卡　　　　　　　　D. "插入"选项卡

13. 在 Word 中打开一个已保存好的文档，对文档进行修改后，执行"保存"操作，该文档_____。

A. 被保存在原文件夹下　　　　　B. 可以保存在其他文件夹下

C. 可以保存在新建文件夹下　　　D. 可以重新命名

14. 在 Word 文档中，使插入点快速移动到文档末尾的操作是_____。

A. PageDown　　B. PageUp　　　　C. Ctrl＋End　　　D. Alt＋End

15. 在 Word 文档中，如要输入特殊符号 e，则该命令所在的功能区是_____。

A. 样式　　　　　B. 字体　　　　　C. 段落　　　　　D. 符号

第 4 章
Excel 电子表格

Excel 软件是 Microsoft Office 办公软件中的表格处理软件，本章介绍 Excel 2010 的表格编辑、公式函数的使用、表格数据加工、图表处理等操作功能。

◤ **知识导论** .... ◻

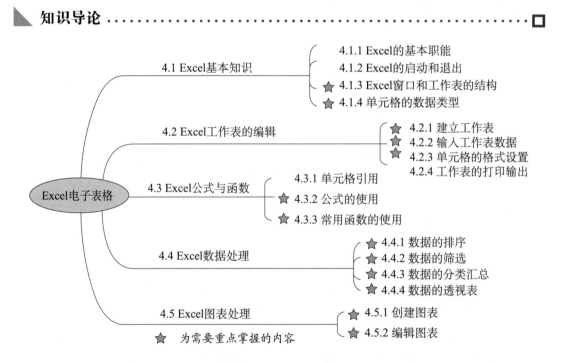

- Excel电子表格
  - 4.1 Excel基本知识
    - 4.1.1 Excel的基本职能
    - 4.1.2 Excel的启动和退出
    - ★ 4.1.3 Excel窗口和工作表的结构
    - ★ 4.1.4 单元格的数据类型
  - 4.2 Excel工作表的编辑
    - ★ 4.2.1 建立工作表
    - ★ 4.2.2 输入工作表数据
    - ★ 4.2.3 单元格的格式设置
    - 4.2.4 工作表的打印输出
  - 4.3 Excel公式与函数
    - 4.3.1 单元格引用
    - ★ 4.3.2 公式的使用
    - ★ 4.3.3 常用函数的使用
  - 4.4 Excel数据处理
    - ★ 4.4.1 数据的排序
    - ★ 4.4.2 数据的筛选
    - ★ 4.4.3 数据的分类汇总
    - ★ 4.4.4 数据的透视表
  - 4.5 Excel图表处理
    - ★ 4.5.1 创建图表
    - ★ 4.5.2 编辑图表

★ 为需要重点掌握的内容

4.1

Excel 基本知识

【学习目标】

※学会启动和退出 Excel；

※了解 Excel 窗口和工作表的组成；

※了解 Excel 的四种数据类型，并能够熟练进行数据类型的设置。

4.1.1 Excel 的基本职能

Excel 属于表格数据处理软件，主要完成以下职能：

（1）管理工作簿文件，可以新建、打开、保存工作簿。

（2）管理工作表，可以编辑工作表的数据，设置工作表的格式。

（3）利用公式、函数加工工作表的数据，进行数据统计和分析。

（4）数据表排序、筛选、分类汇总。

（5）数据表制作图表，表达信息更加直观。

（6）设置工作表的版面格式，打印工作表。

4.1.2 Excel 的启动和退出

1. 启动

启动 Excel 程序，可以单击 Win 7 桌面左下角的"开始"按钮，选择"所有程序—Microsoft Office—Microsoft Excel 2010"选项，出现如图 4 - 1 所示 Excel 软件的主窗口。

2. 退出

退出 Excel 软件，可以选择 Excel 菜单栏"文件"选项中的"退出"选项。

4.1.3 Excel 窗口和工作表的结构

1. 工作簿文件

用 Excel 建立的文件称为工作簿文件，扩展名是 xlsx。1 个工作簿保存多个工作表。

2. 工作表

一个工作表是一张由行、列构成的二维表，列编号称为"列标"，依次用 A、B、C……X、Y、Z、AA、AB、AC……表示；行编号称为"行号"，由上到下依次用 1、2、3……表示。启动 Excel 后，软件会自动建立一个空白的工作簿文件，默认包含三个工作表，在工作表标签上显示工作表名称，默认的名称为 Sheet1、Sheet2、Sheet3，被选中的

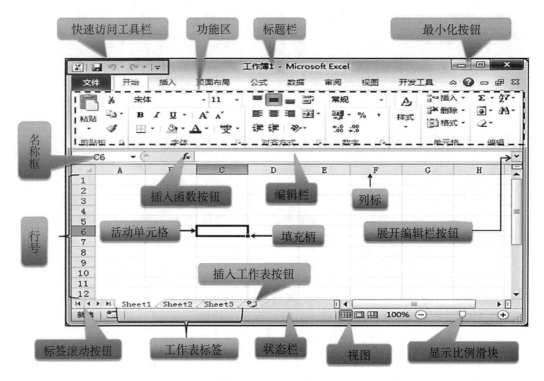

图 4-1 Excel 窗口

工作表为当前活动工作表。在工作表标签单击右键出现快捷菜单可以插入、删除、重命名、隐藏工作表。

3. 活动单元格

在工作表中行和列交叉的区域称为单元格，它是工作表中最基本的数据存储单元。当前鼠标定位的单元格称为活动单元格，活动单元格会加粗凸显。活动单元格右下角的黑点称作拖动点，可以拖动单元格填充数据。

4. 名称框

名称框内显示活动单元格的地址名称，名称由"列标＋行号"组成。例如，第 2 列第 4 行的单元格地址为 B4。

5. 插入函数按钮

单击 f_x 可以向活动单元格中插入函数。

6. 编辑栏

编辑栏中显示输入或修改活动单元格的内容，该内容也同时显示在活动单元格中。如活动单元格内容较多，可单击"展开编辑栏"按钮显示全部内容。

4.1.4 单元格的数据类型

Excel 中的数据类型分为数字、文本、逻辑、错误值四种。选中单元格后，单击鼠标右键，在弹出的快捷菜单中选择"设置单元格格式"命令，开启对话框，如图4-2所示。

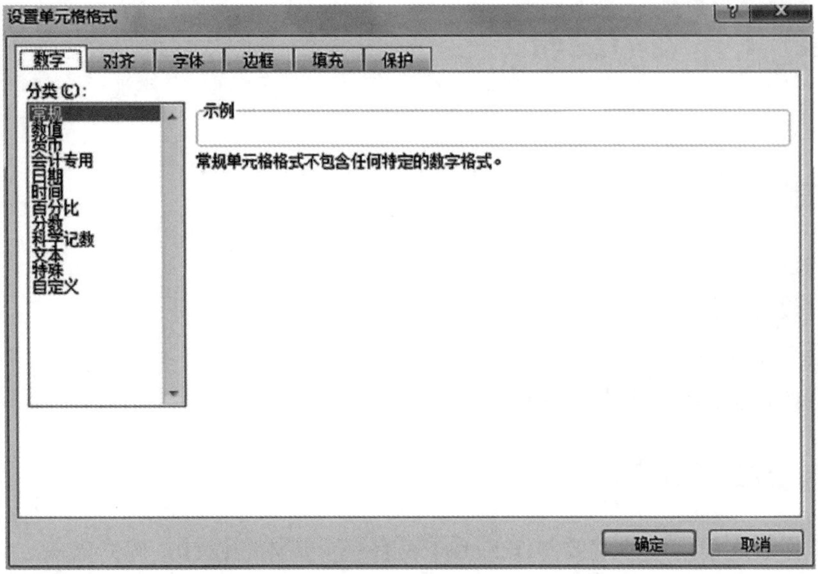

图4-2 "设置单元格格式"对话框

1. 数字数据

根据定义的显示格式的不同，数字类型可以显示为数值、货币、会计专用、日期、时间、百分比、分数、科学记数、特殊、自定义等子类型。

2. 文本数据

文本数据由英文字母、汉字、数字、标点、符号等计算机所有能使用的字符排列而成。

3. 逻辑数据

该数据为两个特定的标识符：TRUE 和 FALSE，字母大小写均可。TRUE 表示逻辑值"真"，对应的数值为1；FALSE 表示逻辑值"假"，对应的数值为0。要输入逻辑数据时，可在单元格中直接输入 TRUE 或 FALSE。如果要将 TRUE 或 FALSE 作为文本数据输入时，需在前面使用半角单引号字符作为前缀。

4. 错误值数据

该数据是因为单元格输入或编辑数据错误，而由系统自动显示的结果，提示用户改正。

Excel 工作表的编辑

📚 【学习目标】

※掌握创建工作表的方法；

※掌握设置工作表格式的方法；

※学会对工作表的管理操作；

※学会使用页面设置和打印功能。

4.2.1 建立工作表

建立工作表之前，应该对要制作的工作表有一个整体的设计，确立表头、行标题或列标题、表格内容的格式等。

在图 4-1 所示 Excel 窗口，选择"文件—新建"菜单项，出现如图 4-3 所示的窗口，可以建立工作簿文件。空白工作簿是不带格式的文档，用户可以根据需要设置文档的格式、版面，也可以利用 Excel 提供的模板或样式建立文档，免去设置格式、版面的烦琐操作。

图 4-3 新建工作簿

【操作 4.1】建立工作簿文件，管理工作表标签，建立基础表、格式控制、公式、排序、筛选、分类汇总、统计图、透视表工作表。操作方法如下：

在图 4-1 所示的窗口，选择"文件—新建—空白工作簿"选项，出现如图 4-4 所示窗口。在工作表标签单击右键出现快捷菜单，可以新建、删除、移动、换名工作表。在工作表标签按照指定的工作表名称建立工作表。

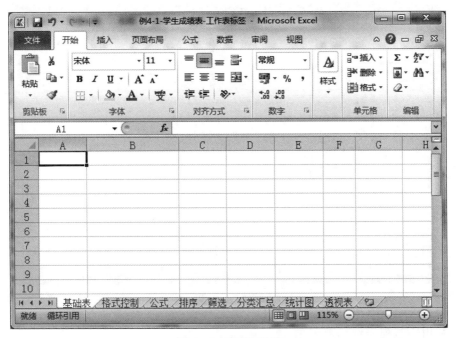

图 4-4　新建工作表

4.2.2　输入工作表数据

1. 输入基础数据

如果单元格输入字母、汉字、字母和数字组合的符号，表示是文本数据，文本数据左对齐。

如果单元格输入数字，表示数值数据，数值数据靠右对齐。其中，输入（123）表示 −123；输入 0 空格 4/5 表示分数 4/5；1.23E＋12 表示 1.23×10^{12}。

如果单元格输入单引号"'"加数字符号，表示该数据是文本数据，例如学号、电话等数据属于文本数据。

如果单元格输入 4/5，表示该数据是日期数据 4 月 5 日。

如果单元格的数据以等号"＝"开头，表示该单元格是函数或公式。

【操作 4.2】以学生成绩表为例，输入基础数据。操作方法如下：

在如图 4-4 所示窗口，选择基础表，输入基础数据，结果如图 4-5 所示。

（1）打开"基础表"工作表，在 A1 单元格输入工作表标题"学生成绩表"。

（2）第 2 行为表格的标题行，依次输入列名称为学号、姓名、班级、性别、高等数学、大学英语、计算机基础、专业课、平均分、总分、评优、排名。光标位于单元格时，按 Alt＋Enter 键表示换行显示单元格数据。例如，高等数学、大学英语、计算机基础等单元格的输入。

（3）输入学生成绩数据。

图 4-5 学生成绩表

2. 利用下拉列表选择数据项

有些单元格的数据提供了一个下拉列表，用户可以从列表中选择输入数据。例如，图 4-5 所示学生成绩表中的"性别"，只有"男""女"两个选项。用户在输入 D3 单元格数据时，计算机会出现一个下拉列表，让用户从下拉列表中选择需要输入的数据项。

【操作 4.3】设置利用下拉列表输入数据，以学生成绩表输入性别为例。操作方法如下：

在如图 4-5 所示的窗口，选择基础表，选择 D3 到 D17 区域的单元格，选择"数据—数据有效性"选项，出现如图 4-6 所示窗口，设置"有效性条件—允许"为"序列"，"来源"为"男，女"。

图 4-6 设置下拉列表输入数据

3. 使用填充功能输入

如果单元格行或列的数据遵循一些规律，则可以使用数据填充功能进行输入。

如图4-5所示，学生成绩表中的"学号"是按顺序递增的，则在输入前两个学号后，用鼠标选择A3到A4单元格区域，然后拖动A4单元格的右下角拖动点，向下移动鼠标到指定单元格后，则单元格内数据将自动按顺序排列好。

选择"开始—编辑—填充"选项，可以查看更多的填充功能，也可以打开"系列"，在如图4-7所示的"序列"对话框中选择类型。

4. 工作区选择

在对Excel单元格进行设置前，要先选择单元格、行、列或区域。选中工作区后，单击鼠标右键，将弹出如图4-8所示的右键快捷菜单，选择相应的命令，可对所选的工作区进行删除、复制、剪切、粘贴、插入等操作。

图4-7 "序列"对话框

图4-8 单元格右键快捷菜单

4.2.3 单元格的格式设置

1. 设置单元格格式

选中单元格区域后，可以单击鼠标右键选择打开"设置单元格格式"对话框设置单元格格式，也可以使用"开始"选项卡中的"单元格—格式"选项，出现如图4-9所示的窗口。

（1）如图4-9所示，"数字"选项卡用来设置单元格的数据类型，在选中某一类型后，右侧窗格会显示示例数据。

（2）如图4-10所示，"对齐"选项卡用来设置单元格内容的对齐方式，也可以使用"开始—对齐方式"中的功能按钮完成。文本对齐方式分为水平对齐和垂直对齐两种。水平对齐有常规、靠左、居中、靠右等，默认的常规方式为文本靠左、数字靠右、逻辑居中。垂直对齐有靠上、居中、靠下等方式，默认为居中。文本控制有三个选项：自动换行（若单元格中文本较长则自动换行显示）、缩小字体填充（若单元格文本较长则缩小字体适应单元格宽度）、合并单元格（将被选中的几个单元格区域合并为一个大单元格）。

图 4 - 9　"设置单元格格式—数字"选项卡

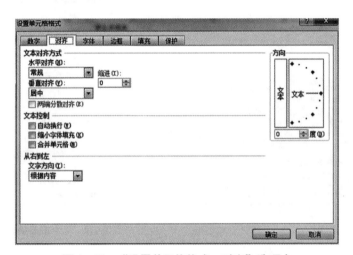

图 4 - 10　"设置单元格格式—对齐"选项卡

（3）如图 4 - 11 所示，"字体"选项卡用来设置单元格内字体、字形、字号等格式。

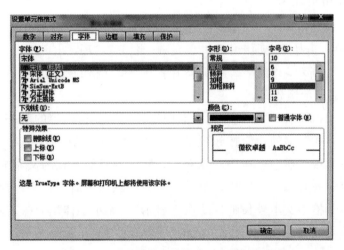

图 4 - 11　"设置单元格格式—字体"选项卡

（4）如图 4 - 12 所示，"边框"选项卡用来设置表格边框，边框线条的样式、颜色等格式。

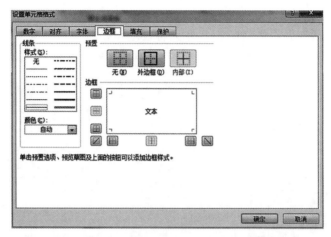

图 4 - 12 "设置单元格格式—边框"选项卡

（5）如图 4 - 13 所示，"填充"选项卡用来设置单元格背景色、填充效果。

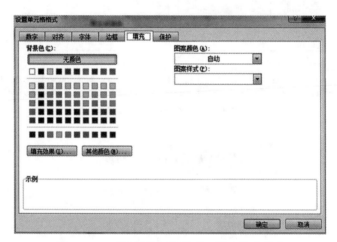

图 4 - 13 "设置单元格格式—填充"选项卡

2. 行、列宽度调整

将鼠标移到两列标之间的分界线上时，鼠标状态变为↔，拖动鼠标即可调整列宽。将鼠标移动到两行号之间的分界线上时，鼠标状态变为⇕，拖动鼠标即可调整行的高度。

3. 条件格式设置

使用条件格式设置功能可以将工作表中符合某种条件的单元格数据设置为特殊格式。

【操作 4.4】设置表格格式，以学生成绩表为例设置单元格条件格式、单元格合并、边框。操作方法如下：

（1）设置单元格条件格式，将成绩低于 60 的用特殊颜色标记。

在如图 4 - 14 所示窗口，选择"格式控制"工作表，选择 E3 到 H17 单元格格式区域。选择"开始—样式—条件格式—突出显示单元格规则"选项，出现如图4-15所示窗口，设置"突出显示单元格规则—小于"。条件值输入"60"，格式设置为"浅红填充色深红色文本"。

（2）设置单元格合并，将A1到L1单元格区域合并。

（3）设置表格边框，参见图4-14所示窗口，将B2到L22单元格区域添加表格边框线。

学号	姓名	班级	性别	高等数学	大学英语	计算机基础	专业课	平均分	总分	评优	排名
201723001	陈顺兵	计算机1	男	74	54	93	92				
201723002	单晶晶	计算机1	女	84	66	86	90				
201723003	高飞	计算机1	女	87	78	86	85				
201723004	刘洪梅	计算机2	女	57	90	97	85				
201723005	田芳	计算机2	女	77	56	92	71				
201723006	王远炳	计算机2	男	69	74	55	70				
201723007	谢本强	计算机2	男	65	87	74	89				
201723008	袁和伟	计算机1	男	57	71	63	65				
201723009	张国立	计算机2	男	68	82	79	52				
201723010	郑佩佩	计算机2	女	81	63	77	88				
201723011	周炽清	计算机2	男	91	95	93	88				
201723012	周吕梁	计算机1	男	89	83	78	95				
201723013	肖天	计算机2	女	57	77	55	78				
201723014	蓝天悦	计算机2	男	38	60	90	72				
201723015	孙晓辅	计算机1	女	76	67	57	82				
班级平均分											
班级最高分											
班级最低分											
合格人数											
不及格人数											

图4-14　条件格式设置样例

图4-15　突出显示单元格

4.2.4 工作表的打印输出

1. 页面设置

打印工作表前要进行页面设置。选择"页面布局—页面设置"选项，出现如图 4-16 所示窗口。

（1）如图 4-16 所示，"页面"选项卡设置纸张方向、纸张大小。

图 4-16 "页面设置—页面"选项卡

（2）如图 4-17 所示，"页边距"选项卡设置打印的边距。

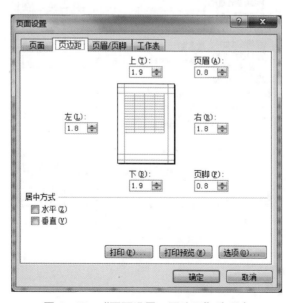

图 4-17 "页面设置—页边距"选项卡

（3）如图 4-18 所示，"页眉/页脚"选项卡设置页眉和页脚内容。

图 4-18　"页面设置—页眉/页脚"选项卡

（4）如图 4-19 所示，"工作表"选项卡设置打印的区域、标题区域。如果要打印的文件需要打印多张纸，为了在每张纸出现相同的表格标题，可以在"打印标题—顶端标题行"位置设置表格标题栏区域。

图 4-19　"页面设置—工作表"选项卡

2. 打印

如图 4-19 所示，单击"打印"按钮，出现如图 4-20 所示窗口，设置打印参数。

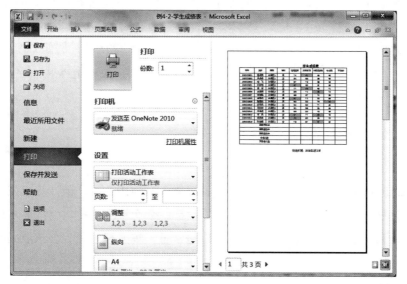

图 4-20　打印

4.3

Excel 公式与函数

📚【学习目标】

※了解单元格引用的概念；

※学会使用 Excel 公式运算符；

※掌握常用的 Excel 函数。

4.3.1　单元格引用

单元格引用就是单元格的地址表示，细分为相对引用（相对地址）、绝对引用（绝对地址）、混合引用（混合地址）三种。

（1）相对引用：直接用列标＋行号表示的单元格地址，如 A3、B1。

（2）绝对引用：分别在列标和行号前面加"＄"字符表示的单元格地址。如＄B＄4 就是第 B 列和第 4 行交叉点位置单元格的绝对引用，该单元格的相对引用为 B4。

（3）混合引用：列标或行号之一采用绝对地址的引用。如＄B4 就是一个混合引用，B

$4 也是这个单元格的混合引用。

（4）三维地址：上面的单元格引用限于在同一个工作表中使用，若要引用不同工作表的单元格，则需在单元格地址引用前加上工作表名和"!"字符，如 Sheet2! F5 就是 Sheet2 工作表上第 F 列和第 5 行交叉的单元格。

（5）单元格区域：利用"："可以设置工作表的一个连续区域，例如 C2：C5 表示 C2、C3、C4 到 C5 单元格区域，C2：F2 表示 C2、D2、E2 到 F2 单元格区域，C2：F5 表示 C2 单元格到 F5 单元格之间的矩形区域。

4.3.2 公式的使用

1. 常用公式

在一个单元格中不仅可以输入数值，还可以输入和使用公式，由计算机依据公式计算出相应的值并显示在单元格中。在 Excel 中公式是一个运算表达式，由运算对象和运算符按照一定规则和需要连接而成。运算对象可以是常量、单元格引用、公式或函数。运算符包括算术、比较、文本连接和引用四种类型。

2. 公式的输入

在单元格中输入公式时，必须以等号"＝"开头。在向单元格输入一个公式后，在单元格和工具栏中就可以显示该公式，输入完成后按 Enter 键或单击编辑栏中的"√"确认后，在单元格中就会显示公式的计算结果。

4.3.3 常用函数的使用

1. 函数的使用

函数由函数名和参数两部分构成，函数可以有多个参数。

单击编辑栏上的 fx 按钮，就可以在弹出的"插入函数"对话框中选择要插入的函数，如图 4 - 21 所示。

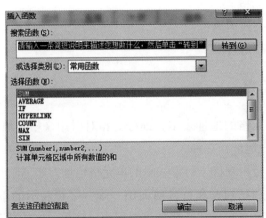

图 4 - 21 "插入函数"对话框

如图 4 - 21 所示,用鼠标选择要插入的函数,本例选中了 SUM 函数,其功能是计算单元格区域中所有数值的和。单击"确定"按钮出现图 4 - 22 所示窗口,设置 SUM 函数的参数。

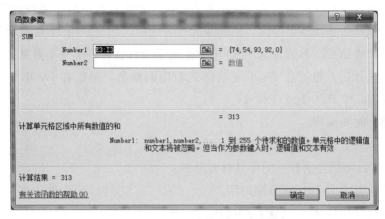

图 4 - 22 "函数参数"对话框

2. 常用的函数

函数有数学函数、统计函数、逻辑函数、日期与时间函数、财务函数、文本函数、查找与引用函数等类别。Excel 基础应用应掌握以下函数:

(1)统计函数。

AVERAGE(单元格区域):得到指定单元格区域的算数平均值。

COUNT(单元格区域):得到指定单元格区域的数值单元格的个数。

COUNTA(单元格区域):得到指定单元格区域的非空单元格的个数。

COUNTIF(单元格区域,条件):得到指定单元格区域的符合条件的单元格的个数。

MAX(单元格区域):得到指定单元格区域的最大值。

MIN(单元格区域):得到指定单元格区域的最小值。

(2)数学函数。

SUM(单元格区域):得到指定单元格区域的和。

SUMIF(单元格区域,条件,求和区域):得到指定单元格区域的符合条件的单元格的和。

RAND( ):得到 0~1 之间的随机数。

ROUND(单元格区域,保留小数位数):指定单元格的数值四舍五入。

(3)逻辑函数。

IF(条件,值1,值2):如果条件成立,将单元格设置为值1,否则设置为值2。

(4)文本函数。

LEN(单元格):得到指定单元格字符的个数。

LEFT(单元格,n):得到指定单元格左侧的 n 个字符。

RIGHT(单元格,n):得到指定单元格右侧的 n 个字符。

MID（单元格，n，m）：得到单元格从第 n 个字符开始到第 m 个字符截止的字符。

（5）查找与引用函数。

VLOOKUP（查找值，查找范围，结果列数，精确匹配或者近似匹配）：按列查找。根据查找值参数，在查找范围的第一列搜索查找值。找到查找值后，将找到的结果行的结果列数对应的值作为查找结果返回。精确匹配或者近似匹配分别用 1，0 表示。

例如，工作表 A 列、B 列输入了 10 个学生的学号和姓名，学号不重复。在 C2 单元格任意输入一个学号后，希望在 D2 单元格得到对应的姓名，那么在 D2 单元格应该输入：＝VLOOKUP（C2，A2：B11，2，1）。

（6）日期与时间函数。

TODAY（ ）：得到当前日期的年月日。

NOW（ ）：得到当前日期的年月日时分秒。

YEAR（日期）：得到指定日期的年。

MONTH（日期）：得到指定日期的月。

DAY（日期）：得到指定日期的日。

DATEDIF（起始日期，终止日期，参数）：参数为 Y 表示得到起始日期到终止日期的间隔年数。参数为 YM 表示得到起始日期到终止日期的间隔总月数。

【操作 4.5】如图 4－23 所示窗口，以学生成绩表的“公式”工作表为例，利用函数计算成绩。操作方法如下：

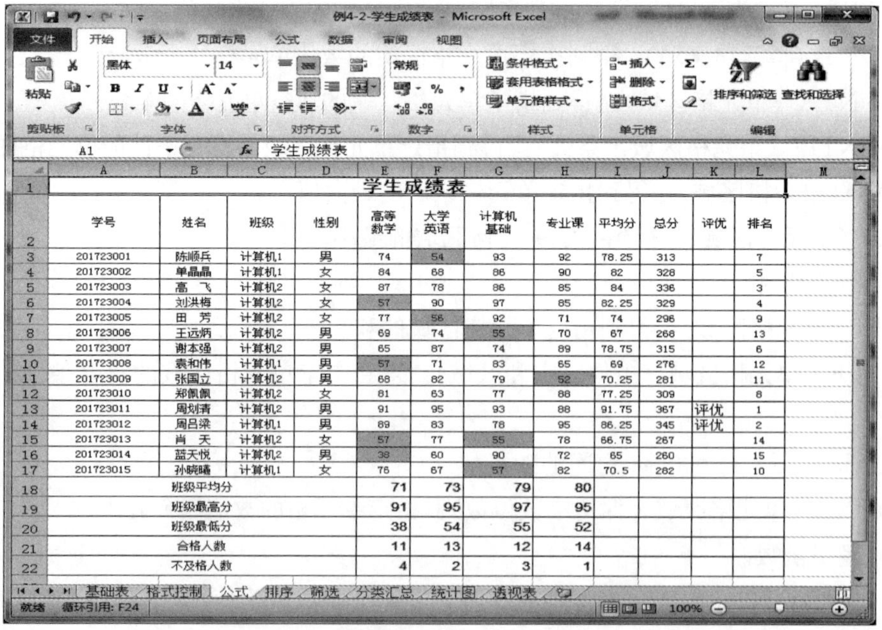

学号	姓名	班级	性别	高等数学	大学英语	计算机基础	专业课	平均分	总分	评优	排名
201723001	陈顺兵	计算机1	男	74	54	93	92	78.25	313		7
201723002	单晶晶	计算机1	女	84	68	86	90	82	328		5
201723003	高　飞	计算机2	女	87	78	86	85	84	336		3
201723004	刘洪梅	计算机2	女	57	90	97	85	82.25	329		4
201723005	田　芳	计算机2	女	77	56	92	71	74	296		9
201723006	王远炳	计算机2	男	69	74	55	70	67	268		13
201723007	谢本强	计算机2	男	65	87	74	89	78.75	315		6
201723008	袁和伟	计算机1	男	57	71	83	65	69	276		12
201723009	张国立	计算机2	男	68	82	79	52	70.25	281		11
201723010	郑佩佩	计算机2	女	81	63	77	88	77.25	309		8
201723011	周划清	计算机2	男	91	95	93	88	91.75	367	评优	1
201723012	周吕梁	计算机1	男	89	83	78	95	86.25	345	评优	2
201723013	肖　天	计算机2	女	57	77	55	78	66.75	267		14
201723014	蓝天悦	计算机2	男	38	60	90	72	65	260		15
201723015	孙晓曦	计算机1	女	76	67	57	82	70.5	282		10
班级平均分				71	73	79	80				
班级最高分				91	95	97	95				
班级最低分				38	54	55	52				
合格人数				11	13	12	14				
不及格人数				4	2	3	1				

图 4－23　学生成绩表—“公式”工作表

（1）计算每个学生的总分。

在 J3 单元格输入：＝SUM（E3：H3），确认后，计算结果显示在 J3 单元格。

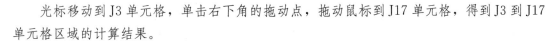

光标移动到 J3 单元格，单击右下角的拖动点，拖动鼠标到 J17 单元格，得到 J3 到 J17 单元格区域的计算结果。

（2）计算每个学生的平均分。

在 I3 单元格输入：＝AVERAGE（E3：H3），确认后，计算结果显示在 I3 单元格。

光标移动到 I3 单元格，单击右下角的拖动点，拖动鼠标到 I17 单元格，得到 I3 到 I17 单元格区域的计算结果。

（3）计算每个学生的平均分，保留整数部分。

在 I3 单元格输入：＝INT（AVERAGE（E3：H3）），确认后，计算结果显示在 I3 单元格。

光标移动到 I3 单元格，单击右下角的拖动点，拖动鼠标到 I17 单元格，得到 I3 到 I17 单元格区域的计算结果。

（4）计算每个学生的平均分，保留 1 位小数，小数四舍五入。

在 I3 单元格输入：＝ROUND（AVERAGE（E3：H3），1），确认后，计算结果显示在 I3 单元格。

光标移动到 I3 单元格，单击右下角的拖动点，拖动鼠标到 I17 单元格，得到 I3 到 I17 单元格区域的计算结果。

（5）计算各门课程的平均分，保留整数部分。

在 E18 单元格输入：＝INT（AVERAGE（E3：E17）），确认后，计算结果显示在 E18 单元格。

光标移动到 E18 单元格，单击右下角的拖动点，拖动鼠标到 H18 单元格，得到 E18 到 H18 单元格区域的计算结果。

（6）计算各门课程的最高分。

在 E19 单元格输入：＝MAX（E3：E17），确认后，计算结果显示在 E19 单元格。

光标移动到 E19 单元格，单击右下角的拖动点，拖动鼠标到 H19 单元格，得到 E19 到 H19 单元格区域的计算结果。

（7）计算各门课程的最低分。

在 E20 单元格输入：＝MIN（E3：E17），确认后，计算结果显示在 E20 单元格。

光标移动到 E20 单元格，单击右下角的拖动点，拖动鼠标到 H20 单元格，得到 E20 到 H20 单元格区域的计算结果。

（8）计算各门课程的合格人数。

在 E21 单元格输入：＝COUNTIF（E3：E17，" ＞＝60"），确认后，计算结果显示在 E21 单元格。

光标移动到 E21 单元格，单击右下角的拖动点，拖动鼠标到 H21 单元格，得到 E21 到 H21 单元格区域的计算结果。

（9）计算各门课程的不及格人数。

在 E22 单元格输入：＝COUNTIF（E3：E17，" ＜60"），确认后，计算结果显示在

E22 单元格。

光标移动到 E22 单元格，单击右下角的拖动点，拖动鼠标到 H22 单元格，得到 E22 到 H22 单元格区域的计算结果。

利用＝COUNTIF（E3：E17,"＜＝90"）－COUNTIF（E3：E17,"＜＝80"）公式能够得到 80 到 90 之间的人数。

利用＝COUNT（E3：E17）公式能够得到 E3 到 E17 单元格区域数值单元格的个数。

（10）计算每个学生的总分排名。

在 L3 单元格输入：＝RANK（J3，J＄3：J＄17，0），确认后，计算结果显示在 L3 单元格。

光标移动到 L3 单元格，单击右下角的拖动点，拖动鼠标到 L17 单元格，得到 L3 到 L17 单元格区域的计算结果。

说明：第 1 个参数表示排序的单元格；第 2 个参数表示排序的单元格区域；第 3 个参数为 0 表示从大到小排，为 1 表示从小到大排。

（11）分析每个学生是否有评优的资格，总分在 340 以上有评优资格。

在 K3 单元格输入：＝IF（J3＞＝340,"评优",""），确认后，计算结果显示在 K3 单元格。

光标移动到 K3 单元格，单击右下角的拖动点，拖动鼠标到 K17 单元格，得到 K3 到 K17 单元格区域的计算结果。

说明：第 1 个参数表示条件单元格；第 2 个参数表示条件成立时单元格的值；第 3 个参数表示条件不成立时单元格的值。

4.4
Excel 数据处理

【学习目标】

※学会 Excel 按主要关键词和次要关键词排序的方法；
※学会对数据表进行自动筛选和按条件进行高级筛选两种操作；
※学会对数据表进行分类汇总的方法。

4.4.1 数据的排序

对一个工作表的某列进行排序，将光标位于待排序的列中的任意一个单元格，单击"数据—排序和筛选"中的或按钮，即可实现升序或降序排列。

【操作 4.6】如图 4-24 所示窗口，以学生成绩表的"排序"工作表为例，按照总分从大到小的顺序排列。操作方法如下：

选中 J3 单元格，单击"数据—排序和筛选"的 按钮，即可完成降序排序操作。

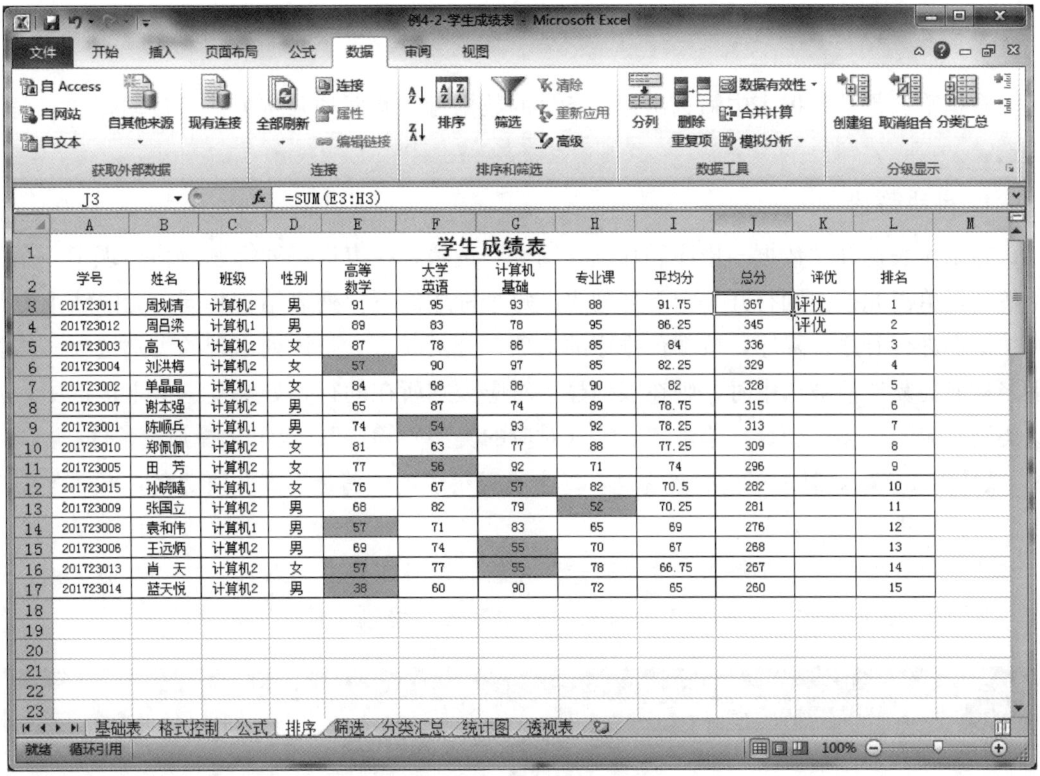

图 4-24 学生成绩表按总分降序排序

对一列排序时有可能出现等值的情况，在等值的情况下可以再设置另外一列排序。对工作表的多列进行排序，可以选择"数据—排序和筛选—排序"选项，出现如图 4-25 所示的对话框，在对话框中可选择"主要关键字"进行排序，单击"添加条件"，添加"次要关键字"。

例如，学生成绩表按照总分降序排列后，出现总分等值的情况下再按照专业课降序排列，需要设置两个排序项。

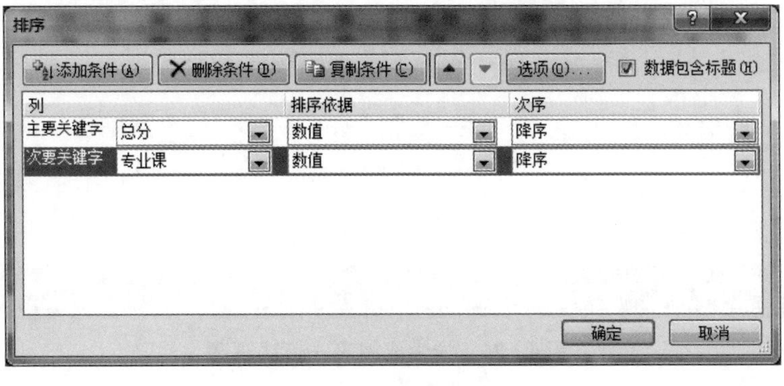

图 4-25 自定义排序

在图 4－25 所示的窗口，单击“选项”按钮，出现对话框可以选择排序方向“按列排序”或“按行排序”，排序方式“按字母排序”或“按笔画排序”。

4.4.2 数据的筛选

数据筛选是从数据表中筛选出符合条件的数据行，有两种筛选方法：自动筛选、高级筛选。

1. 自动筛选

在工作表选择“数据—排序和筛选—筛选”选项，在表格每列标题后均出现了一个三角按钮，单击此按钮则打开一个下列列表。每个标题的下拉列表结构相同，分隔线上方是按关键字进行升序、降序，按颜色排序的选项，分割线下方是该列出现的类别选项。当类别名称前的复选框被选中时，则在该列显示对应类别所在的行，如果复选框未被选中，则该类别对应的行会被隐藏。单击“数字（对应的类型）筛选”，也可选择筛选条件。

【操作 4.7】如图 4－26 所示窗口，以学生成绩表的“筛选”工作表为例，显示性别为男的数据。操作方法如下：

单击“数据—排序和筛选”的“筛选”按钮，即可完成自动筛选。在“性别”列，选择“男”。再次单击“数据—排序和筛选”的“筛选”按钮，可以取消自动筛选。

图 4－26 学生成绩表—自动筛选

2. 高级筛选

自动筛选只能筛选出比较简单的数据，如果条件比较复杂就要使用高级筛选。

【操作 4.8】如图 4-27 所示窗口，以学生成绩表的"筛选"工作表为例，显示性别为男、总分在 330 以上的数据。操作方法如下：

在工作表任意位置设置条件区域。单击"数据—排序和筛选"的"高级"按钮，出现图 4-28 所示的对话框，选择数据区范围和条件区范围，单击"确定"按钮，显示筛选的结果。单击"数据—排序和筛选"的"筛选"按钮，可以取消筛选。

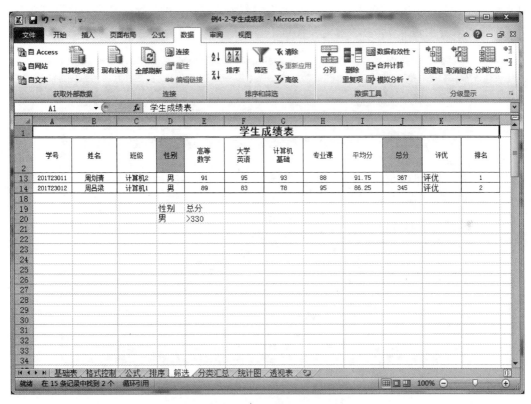

图 4-27 学生成绩表—高级筛选

图 4-28 "高级筛选"对话框

4.4.3 数据的分类汇总

分类汇总功能主要用于对工作表中的列排序后进行分类，汇总工作表的数值项，汇总包括求和、求平均、计数操作。

【操作 4.9】如图 4-29 所示，以学生成绩表的"分类汇总"工作表为例，统计各班专业课的平均分。操作方法如下：

首先，按照班级排序。然后，单击"数据—分级显示—分类汇总"按钮，出现图 4-30 所示的对话框，"分类字段"选择"班级"，"汇总方式"选择"平均值"，"选定汇总项"选择"专业课"，单击"确定"按钮，显示分类汇总的结果。

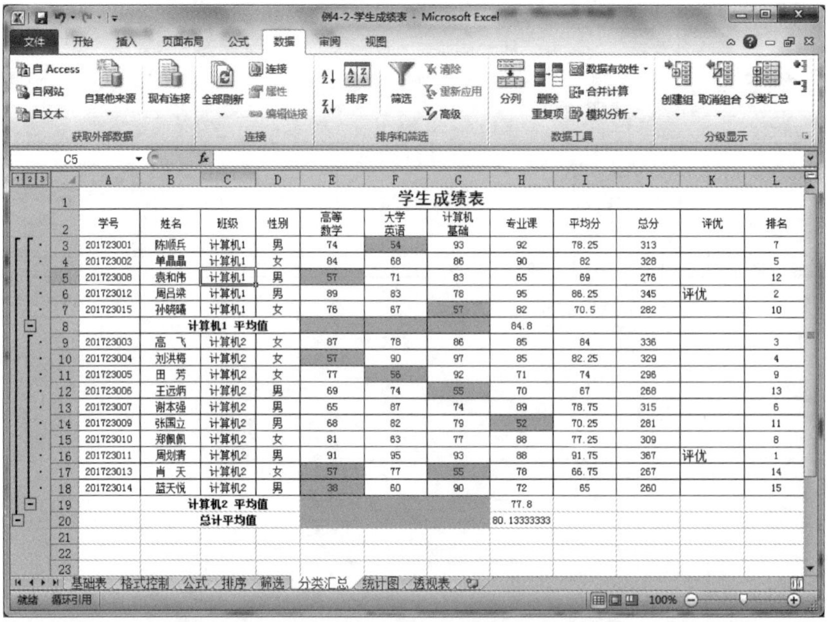

图 4-29 学生成绩表—"分类汇总"工作表

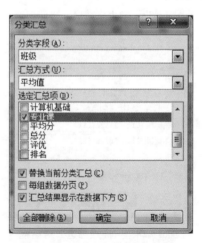

图 4-30 "分类汇总"对话框

114

4.4.4 数据的透视表

数据透视表用于数值数据的分析汇总，对现有工作表的数据分类汇总后产生一个结果数据表。

【操作4.10】以学生成绩表的"透视表"工作表为例，统计各班、不同性别学生专业课的平均分。操作方法如下：

打开学生成绩表的"透视表"工作表，单击"插入—数据透视表—数据透视表"选项，出现图4-31所示的对话框，设置数据区域和透视表结果保存的位置。单击"确定"按钮后，出现图4-32所示的窗口。

图4-31 "创建数据透视表"对话框

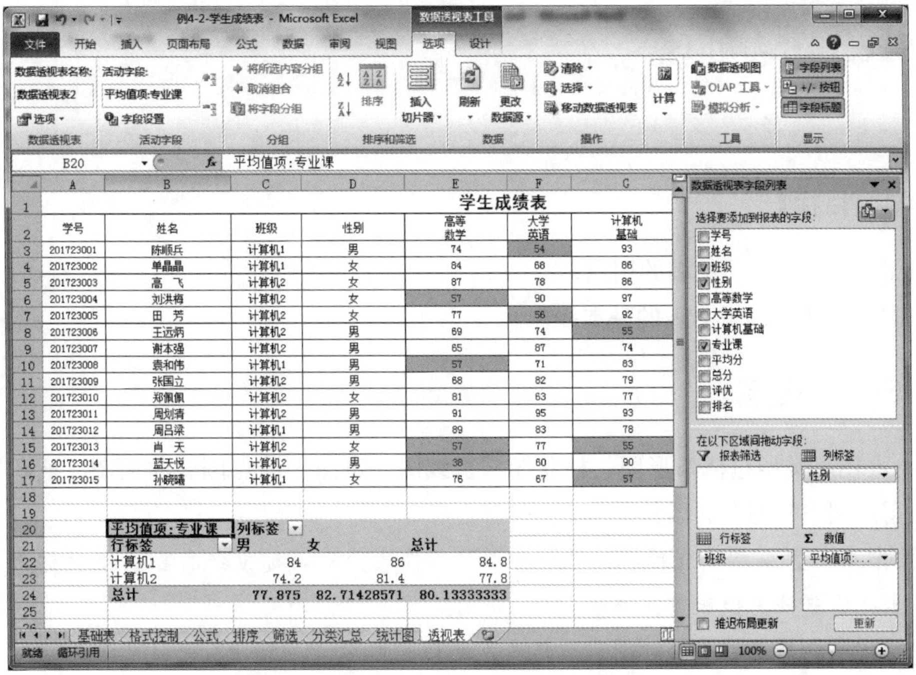

图4-32 学生成绩表—"透视表"工作表

在图4-32所示的窗口右侧，将"班级"拖动到"行标签"区域，将"性别"拖动到"列标签"区域，将"专业课"拖动到"数值"区域。在数值区域单击左键出现快捷菜单，选择"值字段设置"选项，出现如图4-33所示的对话框，选择计算类型"平均值"选项，单击"确定"按钮，在图4-32窗口左下方出现不同班级、不同性别学生专业课的平均值。

图4-33　"值字段设置"对话框

4.5

Excel 图表处理

📖【学习目标】

※了解 Excel 常用图表的用途；
※掌握创建和编辑图表的基本操作。

4.5.1　创建图表

Excel 图表类型包括条形图、柱状图、折线图、饼图、散点图、曲面图、面积图、圆环图、雷达图、气泡图、股价图等。

【操作4.11】以学生成绩表的"统计图"工作表为例，建立统计图。横坐标为学生姓名、纵坐标为总分。操作方法如下：

打开学生成绩表的"统计图"工作表，选择"姓名"列即 B2 到 B17 单元格区域，按住 Ctrl 键同时选择"总分"列即 J2 到 J17 单元格区域。单击"插入—图表"选项，出现

图4-34 所示的对话框，选择"柱形图"。单击"确定"按钮后，出现图4-35 所示的窗口。

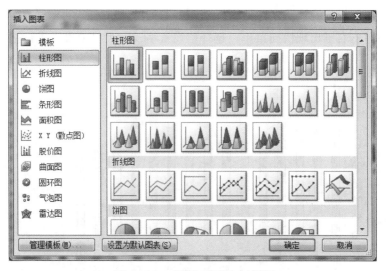

图4-34 "插入图表"对话框

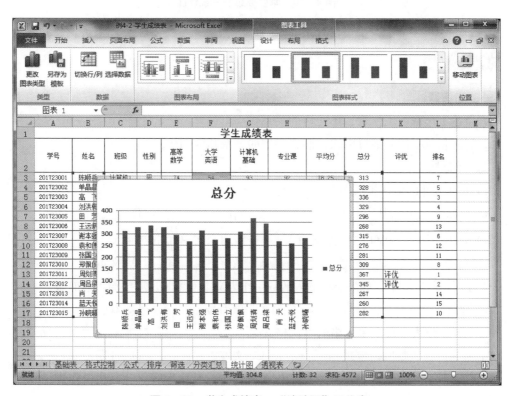

图4-35 学生成绩表—"统计图"工作表

4.5.2 编辑图表

如图4-36所示的统计图，包括图标标题、系列图例、水平轴、垂直轴、绘图区、背景墙。选择后单击右键出现快捷菜单，选择"设置格式"菜单项可以进行格式编辑。

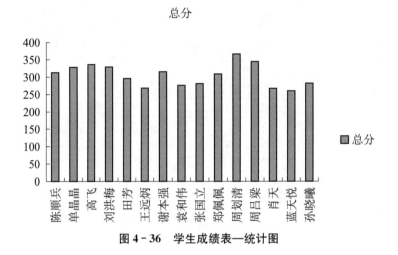

图4-36 学生成绩表一统计图

习题

一、简答题

1. 简述工作簿、工作表、单元格的关系。

2. 简述相对引用、绝对引用、混合引用的关系和区别。

二、单选题

1. Excel文件的默认扩展名为_____。

A. docx   B. xlsx   C. ppt   D. jpg

2. Excel 2010工作窗口中编辑栏上的 f_x 按钮用来向单元格内插入_____。

A. 函数   B. 公式   C. 数字   D. 文本

3. 在Excel 2010中，如果要将输入的数字作为文本使用时，需要输入的前缀是_____。

A. 逗号   B. 分号   C. 单引号   D. 双引号

4. 电子工作表中每个单元格的默认格式是_____。

A. 数字   B. 常规   C. 文本   D. 日期

5. 启动Excel 2010后自动建立的工作簿文件中，默认带有_____个工作表。

A. 4   B. 3   C. 2   D. 1

6. 若一个单元格地址为D5，则其右侧紧邻的单元格地址为_____。

A. E5   B. C5   C. F5   D. G5

7. 如果一个单元格地址为 F10，则此地址的类型为_____。

A. 绝对地址　　　　B. 相对地址　　　　C. 混合地址　　　　D. 三维地址

8. 在 Excel 2010 中，假定一个单元格输入的公式为"＝12＊2＋5"，则当该单元格处于非活动状态时显示的内容为_____。

A. ＝29　　　　B. 12＊2＋5　　　　C. ＝12＊2＋5　　　　D. 29

9. 在 Excel 2010 中，按下 Delete 键将清除被选区域中的所有单元格的_____。

A. 内容　　　　B. 格式　　　　C. 批注　　　　D. 删除此单元格

10. Excel 2010 的工作表中，最小操作单元是_____。

A. 行　　　　B. 列　　　　C. 单元格　　　　D. 字符

11. 在单元格引用的行地址或列地址前，若表示为绝对地址则应添加的字符是_____。

A. &.　　　　B. $　　　　C. ＊　　　　D. ♯

12. 在 Excel 2010 中，对数据表进行排序时，排序关键字个数为_____。

A. 1 个　　　　B. 2 个　　　　C. 3 个　　　　D. 任意个

13. 在 Excel 图表中，用来反映数据变化趋势的图标类型是_____。

A. 饼图　　　　B. 折线图　　　　C. 柱形图　　　　D. 气泡图

14. 要删除一个工作表，执行的操作是_____。

A. 右键单击工作表标签，选择"删除"

B. 右键单击工作表标签，选择"重命名"

C. 右键单击工作表标签，选择"插入"

D. 右键单击工作表标签，选择"工作表标签颜色"

15. 在 Excel 2010 中，若要表示当前工作表中 A4 到 H10 的单元格区域，则应为_____。

A. A4—F10　　　　B. A4：F10　　　　C. A4～F10　　　　D. A4，F10

第 5 章
PowerPoint 电子演示文稿

PowerPoint 软件是 Microsoft Office 办公软件中制作演示文稿的软件，本章介绍 PowerPoint 2010 演示文稿文件的编辑、幻灯片的编辑、幻灯片的元素及动画效果、演示文稿的放映设置、演示文稿的打印和发送等操作。

▶ **知识导论** .... ▢

5.1

PowerPoint 基本知识

【学习目标】

※ 了解 PowerPoint 的基本职能；

※ 掌握启动和退出 PowerPoint 的方法；

※ 了解 PowerPoint 窗口的组成部分。

5.1.1　PowerPoint 的基本职能

1. 演示文稿的作用

演示文稿文件是用来做电子演示的文档。例如，用于做学术报告演讲、工作述职报告、产品展示、广告宣传等方面。演示文稿要经过设计、编辑、调试、发布四个阶段。

（1）设计演示文稿。

设计演示文稿首先要明确演示文稿所要表达的主题，根据主题确定演示文稿的框架结构和演示文稿的整体风格。其次，整理演示文稿的主题资料，要用简洁的表达、动感的效果展示演示文稿的主题。

（2）编辑演示文稿。

演示文稿由多张幻灯片组成，演示文稿的框架结构一般包括封面页、标题页、内容页、总结致谢页。编辑演示文稿就是设计每张幻灯片的过程。

设计幻灯片要明确幻灯片母版、前景、版式风格；要设计每张幻灯片出现的元素和元素的修饰格式；要设计元素的动画效果、动作的属性；要设计幻灯片切换的动画效果、动作的属性；要考虑风格统一，色彩搭配合理，用图形、声音取代文字的表达，用动画吸引浏览者。

（3）调试演示文稿。

调试演示文稿要结合设计演示文稿的构思，从技术效果和主题内容的表达方面查看所设计的演示文稿是否符合要求。

（4）发布演示文稿。

演示文稿调试完成后要进行保存，用不同格式的文件保存适合不同的浏览者观看。

2. PowerPoint 的职能

PowerPoint 是制作演示文稿的软件，利用 PowerPoint 创建的演示文稿可以在投影仪或者计算机上进行演示。PowerPoint 创建的文件称作演示文稿文件，默认文件扩展名为pptx。演示文稿也可以保存为 PDF 格式、图片格式、网页格式、视频格式的文件。PowerPoint 有以下职能：

（1）创建和管理演示文稿文件。

（2）编辑幻灯片，建立不同母版、前景、版式效果的幻灯片。

（3）设计幻灯片的元素、动画效果。

（4）设计演示文稿放映的效果。

（5）保存和发送、打印演示文稿。

5.1.2　PowerPoint 的启动和退出

1. 启动 PowerPoint 软件

启动 PowerPoint 软件，可以单击 Win 7 桌面左下角的"开始"按钮，选择"所有程序－Microsoft Office－Microsoft PowerPoint 2010"选项，出现 PowerPoint 软件的主窗口。

2. 退出 PowerPoint 软件

退出 PowerPoint 软件，可以选择 PowerPoint 菜单栏"文件"选项中的"退出"命令。

打开 PowerPoint 后，出现如图 5-1 所示的 PowerPoint 主窗口。PowerPoint 主窗口主要由标题栏、菜单选项卡、工具栏、工作区、状态栏等组成，工作区主要由大纲显示区、幻灯片制作区、备注显示区组成。

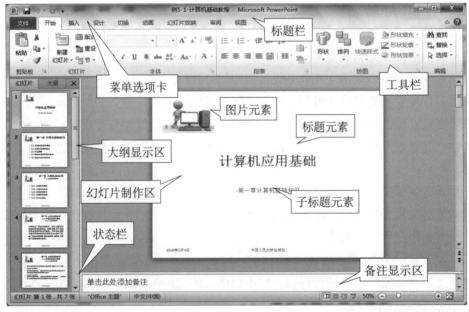

图 5-1　PowerPoint 主窗口

5.2

PowerPoint 演示文稿的基本操作

【学习目标】

※ 掌握新建空白演示文稿和根据模板新建演示文稿的操作方法；

※ 熟悉 PowerPoint 的常用视图模式，并能够根据具体情况选择相应的视图；

※ 熟悉幻灯片内置版式，对幻灯片版式进行灵活的调整；

※ 熟悉幻灯片的背景设置。

5.2.1 新建演示文稿

1. 演示文稿的设计

建立演示文稿之前，应该对要制作的演示文稿有一个整体的设计，确定演示文稿的主题、版式结构，幻灯片的构成结构，幻灯片元素的构成、动画效果、播放效果等设计思想。要考虑自行设计演示文稿还是利用模板设计演示文稿。

在图 5-1 所示的窗口，选择"文件—新建"菜单项，出现如图 5-2 所示的窗口，可以建立演示文稿文件。空白演示文稿是不带格式的文档，设计者可以根据需要设置文档的格式、版面，也可以利用 PowerPoint 提供的模板或样式建立演示文稿文档，免去设置格式、版面的烦琐操作。

2. 新建空白演示文稿

如图 5-2 所示，选择"文件—新建"选项，单击"空白演示文稿"，建立一个空白演示文稿。

图 5-2 新建演示文稿

3. 利用模板创建演示文稿

如图 5-2 所示，选择"文件—新建"选项，单击"样本模板"选项，在样本模板中选择所需要的模板样式，单击"创建"按钮，可以根据所选模板样式建立一个带有设计格式的演示文稿。如图 5-3 所示，创建了一个"项目状态报告"的演示文稿。

图 5-3 利用模板新建演示文稿

【操作 5.1】利用 PowerPoint 提供的"培训"模板创建演示文稿文件。

5.2.2 演示文稿的视图

为了便于浏览演示文稿，PowerPoint 提供了以下视图模式。

1. 幻灯片视图

(1) 普通视图。用于设计演示文稿，如图 5-4 所示。

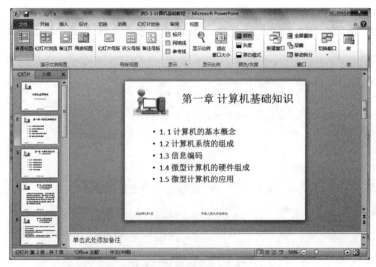

图 5-4 普通视图

（2）幻灯片浏览视图。可以查看幻灯片的缩略图，如图 5-5 所示。通过此视图创建演示文稿以及准备打印演示文稿时，可以轻松地对演示文稿的顺序进行排列和组织。

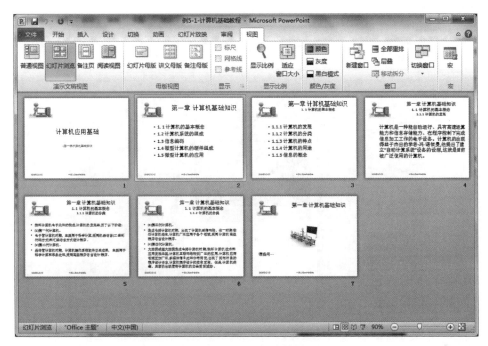

图 5-5　幻灯片浏览视图

（3）阅读视图。阅读视图用于用自己的计算机放映演示文稿，如图 5-6 所示。

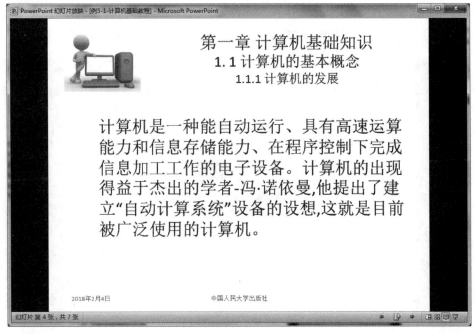

图 5-6　阅读视图

（4）备注页视图。备注窗格位于幻灯片窗格下，如图 5－7 所示。可以输入幻灯片的
备注内容。

图 5－7　备注页视图

2. 幻灯片放映视图

幻灯片放映视图用于向浏览者放映演示文稿，幻灯片放映视图会占据整个计算机屏
幕，这与浏览者观看演示文稿时在大屏幕上显示的演示文稿完全一样，如图 5－8 所示。

图 5－8　幻灯片放映视图

3. 母版视图

母版视图包括幻灯片母版视图、讲义母版视图和备注母版视图，最常用的是幻灯片母版视图。

母版用于建立演示文稿中所有幻灯片都具有的公共属性，是所有幻灯片的底版。它们是存储有关演示文稿信息的主要幻灯片，其中包括背景、颜色、字体、效果、占位符大小和位置等。使用母版视图的一个主要优点在于，在幻灯片母版、备注母版或讲义母版上，可以对与演示文稿关联的每个幻灯片、备注页或讲义的样式进行全局修改。例如，要在每张幻灯片的左上角出现公司的 LOGO 图片，可以利用母版视图让 LOGO 图片出现在母版幻灯片上，这样后期新建幻灯片时，每张幻灯片上自动出现 LOGO 图片。

编辑演示文稿时，选择"视图—幻灯片母版"选项，则呈现如图 5-9 所示的显示效果，设计者可以根据自己的需要对母版的格式进行编辑，编辑后按 保存按钮，该样式即保存下来并应用到所有幻灯片中，单击"关闭母版视图"即重新切换到原来的视图状态。

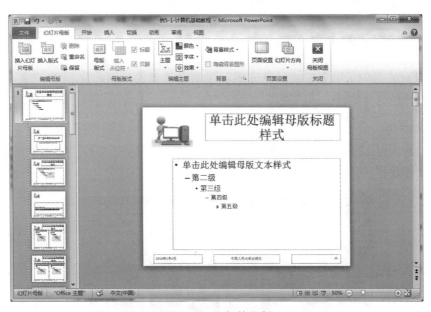

图 5-9 幻灯片母版

【操作 5.2】设计幻灯片母版，在幻灯片右上角出现五角星图形。

5.2.3 幻灯片的版式

幻灯片版式包含要在幻灯片上显示的全部内容的格式、位置和占位符。占位符是版式中的容器，可容纳如文本（包括正文文本、项目符号列表和标题）、表格、图表、Smart-Art 图形、音频、视频、图片及剪贴画等元素。

编辑演示文稿时，选择"开始—幻灯片—版式"选项，在下拉列表中显示了 Power-Point 内置的幻灯片版式，单击所需要的版式，该版式就会应用到当前幻灯片，也可以创建自定义版式。图 5-10 中列出了 PowerPoint 中内置的幻灯片版式。

图 5-10　幻灯片版式

【操作 5.3】设计幻灯片，采用"内容与标题"版式。

5.2.4　幻灯片的主题样式

PowerPoint 提供了很多主题配色方案，帮助设计者美化演示文稿的效果，设计者也可以自己设计幻灯片的样式或背景。

1. 主题样式

编辑幻灯片时，单击"设计"选项卡的"主题"选项，出现如图 5-11 所示的窗口，选择一款主题样式。

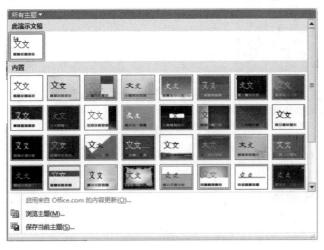

图 5-11　主题

【操作 5.4】设计幻灯片，采用"龙腾四海"主题。

2. 背景颜色

编辑幻灯片时，选择"设计"选项卡的"颜色"选项，出现如图 5-12 所示的"颜色"下拉列表，可以设置幻灯片的配色方案。

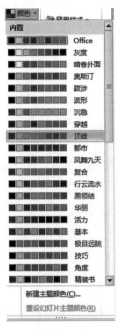

图 5 - 12　颜色

【操作 5.5】设计幻灯片，采用"行云流水"颜色。

3. 字体

编辑幻灯片时，选择"设计"选项卡的"字体"选项，出现如图 5 - 13 所示的"字体"下拉列表，可以设置幻灯片的字体。

图 5 - 13　字体

5.3

幻灯片的基本操作

【学习目标】

※ 掌握插入幻灯片元素的方法。

※ 掌握设计幻灯片元素的动画效果的方法。

※ 掌握设计幻灯片切换动画效果的方法。

※ 掌握设置幻灯片超链接的方法。

5.3.1 管理幻灯片

1. 新建幻灯片

编辑演示文稿，选择"开始—幻灯片"选项的"新建幻灯片"选项，选择幻灯片的版式后，可以新建一张幻灯片。

2. 复制、移动、删除、隐藏幻灯片

在幻灯片编辑完成后，使用"幻灯片浏览"视图，可以很方便地进行幻灯片的复制、移动、删除、隐藏操作。选择要进行操作的幻灯片，单击鼠标右键，出现如图 5-14 所示的快捷菜单，可以选择"剪切""复制""删除幻灯片"选项，完成移动、复制、删除操作。

在"幻灯片浏览"视图下，也可以使用鼠标拖动完成幻灯片的移动和排序。

单击"隐藏幻灯片"，则该幻灯片在放映时将不会显示，但并没有被删除。

图 5-14 幻灯片操作菜单

5.3.2　幻灯片的元素

演示文稿的主题幻灯片上可以出现文本、符号、图片、表格、音频、视频等元素。

1. 文本元素

在 PowerPoint 中，幻灯片上的所有字符都要输入文本框中，每张幻灯片的文本框中都有相关的提示，这些提示称为"占位符"。选定占位符，光标显示在文本框内，即可以输入字符了。

如果不想使用内置版式文本框，可以用鼠标拖动文本框来改变文本框的位置或大小。编辑幻灯片时，选择"插入—文本—文本框"选项，可以在幻灯片空白处插入新的文本框。

选中文本框，在"绘图工具—格式"中，可设置文本框的格式。

2. 图片元素

编辑幻灯片时，选择"插入—图像"或"插入—插图"选项，如图 5-15 所示，可以在幻灯片中插入图片、剪贴画、屏幕截图、SmartArt、图表等元素。

图 5-15　插入对象

3. 插入媒体

编辑幻灯片时，选择"插入—媒体—音频"或"插入—媒体—视频"选项，可以在幻灯片中插入媒体元素，媒体元素可以来自文件、网站或剪贴画。

插入媒体元素后，用鼠标单击媒体元素，出现如图 5-16 所示的"媒体元素播放"窗口，可以选择相应的功能设置视频播放效果。

图 5-16　媒体元素播放

插入音频的方法。单击"插入—媒体—音频"，在下拉列表中选择"文件中的音频"、"剪贴画音频"或"录制音频"。

【操作 5.6】设计幻灯片，在幻灯片中插入一段视频。

5.3.3 幻灯片的时间、编号和页脚

编辑幻灯片时，选择"插入—文本—日期和时间"选项，出现如图 5-17 所示的对话框，可以设置幻灯片的日期和时间、编号和页脚内容。

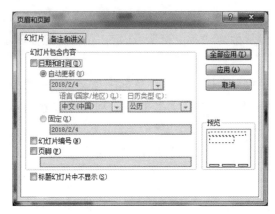

图 5-17　"页眉和页脚"对话框

【操作 5.7】设计幻灯片，利用母版设计幻灯片的页脚。

5.3.4 幻灯片元素的动画

1. 设置动画

编辑幻灯片时，选中一个元素后，选择"动画"菜单选项卡，出现如图 5-18 所示的窗口，可以从中设置该元素的动画。

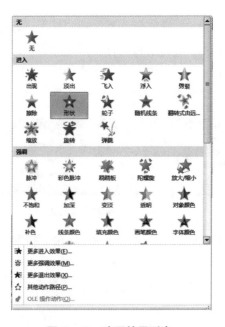

图 5-18　动画效果列表

【操作5.8】设计幻灯片，插入一个文本框，设计文本框的进入方式为"轮子"。

2. 设置计时

如图5-19所示，选择"动画"选项卡，单击"动画窗格"选项后，窗口右侧出现已经设置动画的元素。可以完成以下操作：

（1）选择一个元素后，单击"开始"按钮，出现下拉菜单，选择"与上一动画同时"或"上一动画之后"的持续时间和延迟时间效果。

（2）选择一个元素后，拖动上下位置可以排列元素的动画出现的顺序。

图5-19　幻灯片元素动画计时

（3）选择一个元素后，单击右键出现快捷菜单，选择"效果"选项，出现图5-20所示的窗口，利用"效果"选项卡可以设置元素动画时是否加入声音、动画后是否变暗、文本发送时整批发送还是逐字发送的效果。

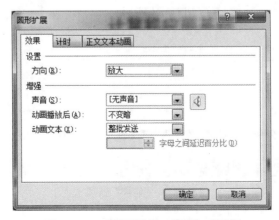

图5-20　"圆形扩展—效果"对话框

（4）选择一个元素后，单击右键出现快捷菜单，选择"效果"选项，出现图 5－21 所示的窗口，利用"计时"选项卡可以设置元素动画时刻、速度、重复次数的效果。

图 5－21　"圆形扩展—计时"对话框

5.3.5　幻灯片切换的动画

1. 设置切换动画

如图 5－22 所示窗口，编辑演示文稿时，选中一张幻灯片后，选择"切换"选项卡，出现如图 5－23 所示的窗口，可以从中选择一个幻灯片切换时的动画。

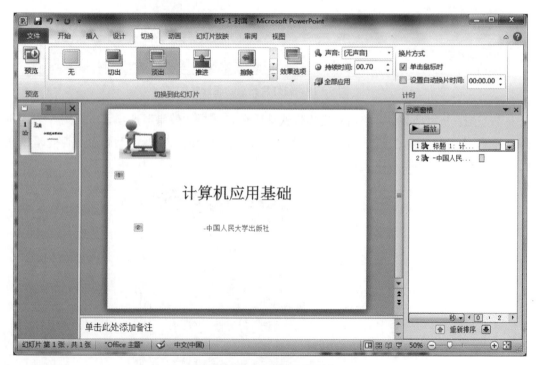

图 5－22　"切换"选项卡

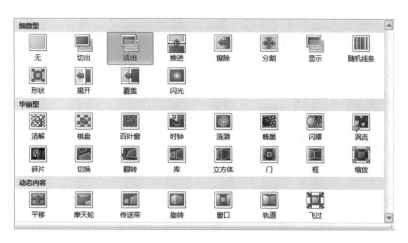

图 5 - 23　幻灯片切换效果

2. 设置切换计时

选择"计时"选项卡设置换片的计时效果：

（1）勾选"单击鼠标时"表示需要单击鼠标才能换片，也可以设置自动换片时间。

（2）可以设置换片时是否有声音、换片的持续时间。

（3）设置全部幻灯片应用这个效果还是当前幻灯片应用这个效果。

【操作 5.9】设计幻灯片，幻灯片的切换方式采用"百叶窗"。

5.3.6　幻灯片的跳转链接

1. 演示文稿的组成

演示文稿文件由多张幻灯片组成，它们呈线性方式排列。一般来说，一个演示文稿包括以下属性的幻灯片：

封面页 1 张，显示演讲的标题和演讲人信息。

一级标题页 1 张，显示演讲主题的一级标题，由若干一级标题名称组成。

二级标题页若干张，显示某个一级标题名称的二级子标题，由若干二级子标题名称组成。

标题内容页由若干张幻灯片组成，显示演讲的内容。

结束页 1 张，显示致谢语。

播放幻灯片时，往往需要根据主题采用跳转播放，因此需要设置幻灯片的跳转链接。

2. 设置跳转链接按钮

跳转链接按钮可以用文本，例如，首张、上一张、下一张、尾页等表示，也可以用图标表示，例如箭头三角等，还可以将一段文字作为链接按钮。

编辑幻灯片时，选择跳转链接按钮后，选择"插入"选项卡的"链接—超链接"选项后，出现图 5 - 24 所示的窗口，设置跳转到的位置。

幻灯片超链接跳转可以跳转到某个文件，也可以跳转到本文档的某个位置。如图 5 - 24所示窗口，设置为跳转到本文档中的第 3 张幻灯片。

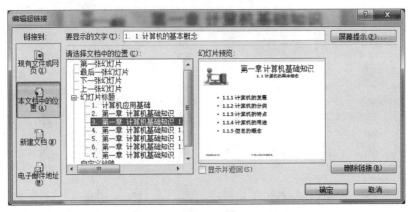

图 5 - 24   "编辑超链接"对话框

【操作 5.10】设计演示文稿，将幻灯片按照主题逻辑实现跳转超链接。

5.4

演示文稿的放映

【学习目标】

※ 掌握演示文稿排练计时的操作；

※ 掌握设置幻灯片放映方式的操作。

5.4.1 演示文稿排练计时的作用

1. 演示文稿排练计时的作用

演示文稿的排练计时可以录制幻灯片放映时的声音并记录播放时间。

2. 设置演示文稿的排练计时

如图 5 - 25 所示窗口，编辑演示文稿时，选择"幻灯片放映"选项卡，勾选"录制幻灯片演示""使用计时""显示媒体控件"选项，单击"排练计时"按钮，从第一张幻灯片开始播放，并开始录音。幻灯片放映时，演讲人边演讲，边切换幻灯片，同时计算机进行录音和计时，直到幻灯片放映完毕后，排练计时结束。

5.4.2 演示文稿的放映

1. 放映方式

如图 5 - 26 所示，选择"幻灯片放映"选项卡，单击"幻灯片放映—从头开始"选项，这时屏幕上就开始放映幻灯片，单击鼠标或按空格键即可进行下一张幻灯片的

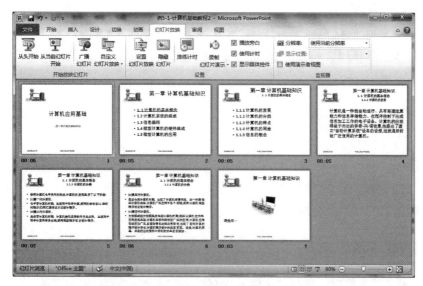

图 5-25 "幻灯片放映—排练计时"对话框

切换，按 Esc 键可结束放映；单击键盘上的 F5 键可以直接从头放映幻灯片；单击"幻灯片放映—从当前幻灯片开始"，或单击 Shift+F5 键，可以从当前幻灯片开始放映。

图 5-26 幻灯片放映

2. 自定义放映

选择"幻灯片放映"选项卡，单击"设置幻灯片放映"选项，在弹出的如图5-27所示的对话框内可设置放映类型、放映选项、放映范围、换片方式等。

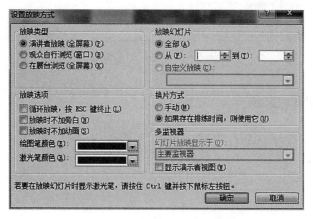

图 5-27 "设置放映方式"对话框

5.5

演示文稿的保存、打印与发送

📖【学习目标】

※ 掌握保存演示文稿的操作；

※ 掌握打印演示文稿的操作；

※ 掌握发送演示文稿的操作。

5.5.1　保存演示文稿

编辑演示文稿文件时，选择"文件—保存"或"文件—另存为"选项，将打开"另存为"对话框，可选择保存的位置、保存的文件类型。在如图 5－28 所示的列表中列出了 PowerPoint 可保存的文件类型。

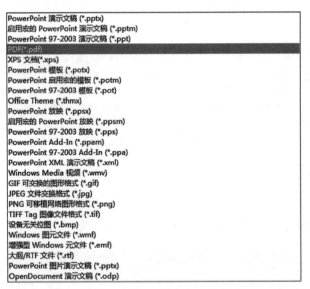

图 5－28　保存文件类型

5.5.2　打印演示文稿

编辑演示文稿文件时，选择"文件—打印"选项，出现如图 5－29 所示窗口，设置打印选项。

图 5-29　"文件—打印"对话框

5.5.3　发送演示文稿

PowerPoint 提供了保存并发送到多个渠道的方式，单击"文件—保存并发送"，在如图 5-30 所示窗口，可选择"使用电子邮件发送""保存到 Web""保存到 SharePoint""广播幻灯片""发布幻灯片"等方式。

图 5-30　"文件—保存并发送"对话框

习 题

一、简答题

1. PowerPoint 提供的幻灯片版式有哪几种？

2. 要对幻灯片进行移动和排序操作，使用哪种视图模式更方便？

3. PowerPoint 中主要的编辑视图是哪种？

4. PowerPoint 提供了哪几种幻灯片母版？

二、单选题

1. PowerPoint 文件的默认扩展名为_____。

A. ppsx   B. ppt   C. pptx   D. pps

2. PowerPoint 中使用的主要编辑视图是_____。

A. 幻灯片浏览视图   B. 普通视图   C. 阅读视图   D. 备注页视图

3. 在 PowerPoint 幻灯片浏览视图下，按住 Ctrl 键并拖动某幻灯片，完成的操作是_____。

A. 移动幻灯片   B. 复制幻灯片   C. 删除幻灯片   D. 插入新幻灯片

4. 放映当前幻灯片的快捷键是_____。

A. Ctrl＋F5   B. F5   C. Shift＋F5   D. F8

5. 在 PowerPoint 中，停止幻灯片放映的快捷键是_____。

A. F5   B. Esc   C. Enter   D. Shift

6. 更改幻灯片设计模板的方法是_____。

A. 选择"视图"选项卡中的"幻灯片版式"

B. 选择"设计"选项卡中的各种"幻灯片设计"

C. 选择"审阅"选项卡中的"幻灯片设计"

D. 选择"切换"选项卡中的"幻灯片版式"

7. 在 PowerPoint 中，要对幻灯片进行重新排序、添加、删除，最方便的视图方式是_____。

A. 大纲视图   B. 幻灯片浏览视图   C. 备注页视图   D. 母版视图

8. PowerPoint 幻灯片浏览视图中，若要选择多个不连续的幻灯片，在单击幻灯片时要按住_____。

A. Shift 键   B. Alt 键   C. Space 键   D. Ctrl 键

9. PowerPoint "文件"选项卡中的"新建"命令，是指新建_____。

A. 幻灯片   B. 演示文稿   C. 图片   D. 备注

10. 在幻灯片中插入音频，幻灯片播放时_____。

A. 用鼠标单击声音图标，才能播放

B. 只能在有声音图标的幻灯片中播放

C. 可以按需要灵活设置音频的播放

D. 只能连续播放，不能中途停止

11. 从头播放幻灯片文稿时，需要跳过第 3 张幻灯片接续播放，应将第 3 张幻灯片_____。

A. 删除　　　　　　B. 新建　　　　　　C. 放映时切换　　　D. 隐藏

12. 若要使幻灯片按规定的时间实现连续自动播放，应进行_____。

A. 设置放映方式　　B. 打包　　　　　　C. 排练计时　　　　D. 幻灯片切换

13. 设置背景时，若要使所选择的背景应用于演示文稿中的所有幻灯片，应按_____。

A. "关闭"按钮　　　　　　　　　　B. "取消"按钮

C. "全部应用"按钮　　　　　　　　D. "重置背景"按钮

14. 若要把幻灯片的设计模板设置为"行云流水"，应执行的一组操作是_____。

A. "设计→主题→行云流水"

B. "幻灯片放映→自定义动画→行云流水"

C. "插入→图片→行云流水"

D. "动画→幻灯片设计→行云流水"

15. 在对 PowerPoint 幻灯片进行自定义动画设置时，可以改变_____。

A. 幻灯片切换的速度　　　　　　　B. 幻灯片背景

C. 幻灯片中任意对象的动画效果　　D. 幻灯片版式

第6章
计算机网络基础与 Internet 应用

计算机网络的出现解决了计算机信息资源共享的问题，互联网的出现为人们的学习和工作提供了便利的信息处理平台。本章介绍计算机网络的基本知识、Internet 的基本概念和应用方法。

知识导论 ....

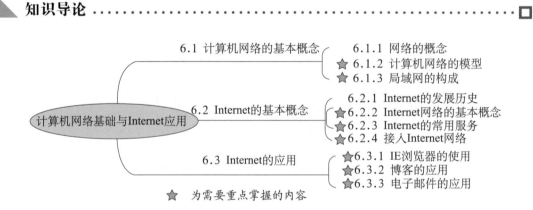

计算机网络基础与Internet应用	6.1 计算机网络的基本概念	6.1.1 网络的概念
		★ 6.1.2 计算机网络的模型
		★ 6.1.3 局域网的构成
	6.2 Internet的基本概念	6.2.1 Internet的发展历史
		★ 6.2.2 Internet网络的基本概念
		★ 6.2.3 Internet的常用服务
		★ 6.2.4 接入Internet网络
	6.3 Internet的应用	★ 6.3.1 IE浏览器的使用
		★ 6.3.2 博客的应用
		★ 6.3.3 电子邮件的应用

★ 为需要重点掌握的内容

6.1

计算机网络的基本概念

📚【学习目标】

※ 了解网络的概念；

※ 了解网络模型的概念；

※ 了解局域网的功能与特点；

※ 了解 Internet 的概念和基本组成；

※ 熟练掌握 Internet 的基本操作。

6.1.1 网络的概念

1. 计算机网络的概念

随着计算机应用规模的扩大，以及计算机应用技术与通信技术的发展，出现了计算机网络。计算机网络是将处于不同地点的、具有独立功能的计算机，通过通信线路和通信设备连接起来，在网络软件的控制下实现数据通信、资源共享和分布式处理的系统。

计算机网络的概念表达了四个含义：

（1）具有独立功能的计算机、异地计算机都可以加入计算机网络。

（2）计算机网络要借助线路和设备连接。双绞线、同轴电缆、光纤、微波、卫星通信等都可以作为网络的连接线路。路由器、集线器、调制解调器、网卡等属于计算机网络的通信设备。

（3）计算机网络必须有网络操作系统、网络通信协议的支持。

（4）以资源共享为目标。计算机网络的功能是实现数据通信和资源共享，资源共享包括网络内的硬件资源共享、软件资源共享、数据资源共享。

2. 计算机网络的发展

计算机网络是 20 世纪 60 年代初期计算机技术和通信技术相结合的产物。

（1）早期的计算机网络是以建立计算机通信机制为出发点建立的，由一台中心计算机与若干终端通过线路连接起来，进行远程的批处理业务。

（2）20 世纪 70 年代初期，计算机通信技术实现了计算机系统与计算机系统之间的直接通信，美国的分组交换网（ARPANet）技术投入使用标志着现代计算机网络的诞生。

（3）20 世纪 80 年代，出现了很多不同的计算机网络体系结构。网络体系之间不能相互兼容，给网络的应用带来了问题，于是国际标准化组织颁布了计算机网络"开放系统互联参考模型"（ISO/OSI）的国际标准，规定了计算机网络体系结构的设计规范。

（4）20 世纪 90 年代，随着微型计算机的普及和通信技术的快速发展，利用计算机网络可以传递声音、图像、动画等多媒体信息，出现了互联网的应用，实现了更广泛的、远距离的计算机数据通信。

6.1.2 计算机网络的模型

1. 计算机网络的模型

为了解决不同体系结构网络的互联问题，国际标准化组织 ISO 制定了开放系统互连参考模型，简称 ISO/OSI 网络参考模型（International Organization for Standardization/Open System Interconnection Reference Model）。这个模型把网络通信的工作分为 7 层，它们由低到高分别是物理层、数据链路层、网络层、传输层、会话层、表示层和应用层。物理层、数据链路层、网络层属于 OSI 参考模型的低三层，负责创建网络通信连接的链路。传输层、会话层、表示层和应用层为 OSI 参考模型的高四层，具体负责端到端的数据通信。每层完成一定的功能，每层都直接为其上层提供服务，并且所有层次都相互支持，而网络通信则可以自上而下（在发送端）或者自下而上（在接收端）双向进行。当然并不是每一通信都需要经过 OSI 的全部七层，有的甚至只需要双方对应的某一层即可。物理接口之间的转接，以及中继器与中继器之间的连接就只需在物理层进行，而路由器与路由器之间的连接则需经过网络层以下的三层。总体来说，通信双方是在对等层次上进行的，不能在不对等层次上进行通信。

ISO/OSI 网络参考模型如图 6-1 所示，在计算机 A 上的应用程序要将信息发送到计算机 B 的应用程序，则计算机 A 中的应用程序需要先将信息发送到其应用层（第七层），然后此层将信息发送到表示层（第六层），表示层将数据转送到会话层（第五层），如此继续，直至物理层（第一层）。在物理层，数据被放置在物理网络媒介中并被发送至计算机 B。计算机 B 的物理层接收来自物理媒介的数据，然后将信息向上发送至数据链路层（第二层），数据链路层再转送给网络层，依次继续直到信息到达计算机 B 的应用层。最后，计算机 B 的应用层再将信息传送给应用程序接收端，从而完成通信过程。

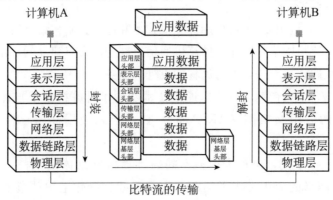

图 6-1 ISO/OSI 网络参考模型

2. 网络协议的基本概念

网络协议是为连接不同操作系统和不同硬件体系结构的互联网络而研发的，是实现网络内计算机通信的软件。简单来说，网络协议是通信双方为了实现通信而设计的约定或通话规则。常见的网络协议有：

（1）IPX/SPX 是由 Novell 公司开发出来应用于局域网的协议。

（2）DNS 域名系统协议。它应用于互联网目录服务，完成域名与 IP 地址的相互转换，以及控制互联网的电子邮件的发送。

（3）FTP（File Transfer Protocol）文件传输协议。它是在计算机和网络之间交换文件的协议。

（4）HTTP 超文本传输协议。它是用来在互联网上传送超文本的传送协议。

（5）HTTPS 安全超文本传输协议。它是由 Netscape 开发并内置于其浏览器中，用于对数据进行压缩和解压、加密和解密操作的协议。HTTPS 协议采用加密算法，保证了商业信息的安全。

（6）POP3（Post Office Protocol）邮局协议。负责接收电子邮件的客户/服务器协议。

（7）SMTP（Simple Mail Transfer Protocol）简单邮件传送协议。负责发送电子邮件的协议。

（8）PPP（Point to Point Protocol）点对点协议。用于串行接口连接的两台计算机的通信协议，是为通过电话线连接计算机和服务器而制定的协议。

（9）TCP/IP（Transmission Control Protocol/Internet Protocol）传输控制协议。连接互联网的主要协议。

（10）Telnet Protocol 虚拟终端协议。允许用户远程登录计算机，并使用远程计算机上对外开放的所有资源的协议。

6.1.3 局域网的构成

1. 局域网的组成

局域网是一个相对来说在比较小的范围内构建的计算机网络，具有高数据传输率、短距离、低误码率的特点。局域网设计中主要考虑的因素是能够在较小的地理范围内更好地运行、资源得到更好的利用、传输的信息更加安全以及网络的操作和维护更加简便等。这些要求决定了局域网的技术特点，即拓扑结构、传输媒体和媒体（介质）访问控制方法在很大程度上共同确定了传输信息的形式、通信速度和效率、信道容量以及网络所支持的应用服务类型等。

局域网由网络硬件和网络软件两部分组成。局域网结构如图 6-2 所示。

网络硬件主要有服务器、工作站、传输介质和网络连接部件。网络软件包括网络操作系统、控制信息传输的网络协议及相应的协议软件、大量的网络应用软件等。

（1）服务器可分为文件服务器、打印服务器、通信服务器、数据库服务器等。文件服

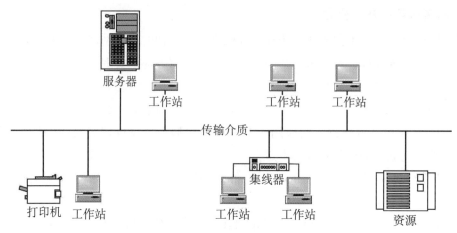

图 6-2   局域网结构

务器是局域网最基本的服务器，用来管理局域网内的文件资源。打印服务器则为用户提供网络共享打印服务。通信服务器主要负责本地局域网与其他局域网、主机系统或远程工作站的通信。数据库服务器则为用户提供数据库检索、更新等服务。

（2）工作站（Workstation）也称为客户机（Clients），可以是一般的个人计算机。工作站可以有自己的操作系统，能够独立工作。通过运行工作站的网络软件可以访问服务器的共享资源。

（3）工作站和服务器之间的连接通过传输介质和网络连接部件来实现。网络连接部件主要包括网卡、中继器、集线器和交换机等，如图 6-3 所示。

网卡　　　　中继器　　　　集线器　　　　交换机

图 6-3   网络连接部件

● 网卡是工作站与网络的接口部件。它除了作为工作站连接入网的物理接口外，还控制数据帧的发送和接收。

● 中继器是网络物理层上的连接设备。适用于完全相同的两类网络的互连，主要功能是通过对数据信号的重新发送或者转发，来扩大网络传输的距离。中继器是对信号进行再生和还原的物理层设备。

● 集线器又叫作 HUB，能够将多条线路的端点集中连接在一起。集线器可分为无源和有源两种。无源集线器只负责将多条线路连接在一起，不对信号做任何处理。有源集线器具有信号处理和信号放大功能。

● 交换机采用交换方式进行工作，能够将多条线路的端点集中连接在一起，并支持端口工作站之间的多个并发连接，实现多个工作站之间数据的并发传输，可以增加局域网带宽，改善局域网的性能和服务质量。与集线器不同的是，交换机多采用广播方式工作，接到同一集线器的所有工作站都共享同一速率，而接到同一交换机的所有工作站都独享同一速率。

2. 局域网操作系统

局域网需要安装网络操作系统。常见的局域网操作系统有 Novell 公司的 Netware 网、3COM 公司的 3+OPEN 网、Microsoft 公司的 Windows 2000 网、IBM 公司的 LAN Manager 网等。

6.2 Internet 的基本概念

【学习目标】

※ 了解 Internet 的发展历史、作用和特点；

※ 理解 TCP/IP 网络协议的基本概念；

※ 了解 IP 地址、域名的基本概念；

※ 了解 Internet 的常用服务。

6.2.1 Internet 的发展历史

Internet 网络即互联网，它的前身是美国国防部高级研究计划局（ARPA）主持研制的 ARPAnet 网络。

20 世纪 60 年代末，美国军方为了自己的计算机网络在受到袭击时，即使部分被摧毁，其余部分仍能保持通信联系，便由美国国防部的高级研究计划局建设了一个军用网（ARPAnet），供科学家们进行计算机联网实验。

到 20 世纪 70 年代，ARPAnet 已经有了几十个计算机网络，但是每个网络只能在网络内部的计算机之间互连通信，不同计算机网络之间仍然不能互连。为此，美国国防部的高级研究计划局又设立了新的研究项目，支持学术界和工业界进行有关的研究。研究的主要内容是用一种新的方法，将不同的计算机局域网互连形成互联网，简称 Internet。

在研究实现网络互连的过程中，研制了 TCP/IP 协议（IP 是基本的通信协议，TCP 是帮助 IP 实现可靠传输的协议）。TCP/IP 的非常重要的特点是开放性，目的是使任何厂家生产的计算机都能相互通信，使 Internet 成为一个开放的系统。

到了 20 世纪 80 年代，美国国家科学基金组织（NSF）将分布在美国各地的为科研教育服务的超级计算机中心互连并支持地区网络，形成 NSFnet。NSFnet 成为 Internet 的主干网。NSFnet 主干网利用了在 ARPAnet 中已证明非常成功的 TCP/IP 技术，准许各大学、政府或私人科研机构的网络的加入。

近年来随着计算机网络技术和通信技术的发展，人类社会从工业社会向信息社会过渡的趋势越来越明显，人们对信息的意识，对开发和使用信息资源的重视越来越加强，如今互联网变成了一个开发和使用信息资源的覆盖全球的技术应用。

6.2.2 Internet 网络的基本概念

1. TCP/IP 网络协议的基本概念

网络协议是指计算机在网络中传递、管理信息需要遵循的规则。

传输控制协议/网间协议（Transmission Control Protocol/Internet Protocol，TCP/IP）是一种网络通信协议，它规范了网络上的所有通信设备，尤其是一个主机与另一个主机之间的数据往来格式以及传送方式。TCP/IP 协议是 Internet 的基础协议。

2. IP 地址

登录到互联网的每台计算机都有能标记其存在的唯一标识，这就是计算机的 IP 地址。互联网依靠 TCP/IP 协议，通过 IP 地址可以实现全球范围内不同硬件、不同操作系统、不同网络系统的互连。互联网名称与数字地址分配机构（The Internet Corporation for Assigned Names and Numbers，ICANN）是一个非营利性国际组织，负责互联网 IP 地址的分配、协议标识符的指派、通用顶级域名以及国家和地区顶级域名系统的管理。

IP 地址的分配策略包括 IPv4 地址版本和 IPv6 地址版本。

（1）IPv4 地址版本规定，每个互联网上的主机和路由器都有唯一的 IP 地址以相互区分和相互联系。只有有了 IP 地址后，网络中的主机才能向别的主机发送数据信息，也才能接收别的主机发送过来的数据信息。IP 地址的结构使我们可以在互联网上很方便地寻找某台主机并和它进行数据交换，使互联网真正成为互联网，充当人们之间信息交流和沟通的媒介。IPv4 地址版本规定一个 IP 地址用 32 位二进制代码表示，分成 4 段，每段用 8 位二进制数组成，每段之间用点号隔开，例如，202.108.5.135 即是一个 IP 地址。IP 地址每段的最大数是 2^8（二进制表示 00000000～11111111，十进制表示 0～255），按照这个规则，理论上 IP 地址大约有 2^{32}（即 4 294 967 296）个可能的地址组合，这说明 IP 地址是有限的，所以登录到互联网的计算机数量是有限的。

（2）IPv6 地址版本也被称作新一代互联网协议，继承了 IPv4 地址版本的优点，是为了解决 IPv4 地址版本资源数不足等问题而提出的。IPv6 地址版本继承了 IPv4 地址版本的优点，对 IPv4 地址版本进行了大幅度的修改和功能扩充，在地址容量、安全性、网络管理、移动性以及服务质量等方面有明显的改进。IPv6 地址版本规定一个 IP 地址用 128 位二进制代码表示，分成 16 段，每段用 8 位二进制数组成，每段之间用点号隔开。

3. 域名系统的基本概念

IP 地址用数字表示不便于记忆，为了便于识别，计算机的 IP 地址也采用字符表示，称作域名地址。例如，新浪网的域名地址是"www. sina. com. cn"。由于域名地址采用字母表示，所以相对于数字表示的 IP 地址来说，域名地址更便于识别和记忆，因此人们在登录互联网时，大多数采用域名方式登录网站，网络系统会按照其对应的 IP 地址找到域名对应的网站。

6.2.3 Internet 的常用服务

Internet 为用户提供了非常丰富的网上资源。网络技术不仅带来了最快捷的通信方式，还使人们拥有最直接、最真实的信息服务，实现了在 Internet 上进行联机学习、看新闻、看视频、聊天等丰富多彩的网络生活。

1. 浏览信息

按照 Internet 网络的设计思想，网站是用来保存信息并供浏览者检索浏览的，浏览者通过登录网站可以浏览信息。WWW（World Wide Web，万维网）以超文本格式语言（HTML）和超文本传输协议（HTTP）为基础，提供了文字、图片、音频、视频等丰富多彩的超文本格式信息，浏览者利用浏览器能够浏览网站服务器的信息。

2. 发布信息

（1）电子公告板。

电子公告板（Bulletin Board System，BBS）是 Internet 上的电子信息服务系统，也是一种即时性的双向综合性布告栏系统。BBS 是一个发布信息的场所，开辟了一个公共的空间，供用户之间进行讨论和交流。用户可以从中得到信息，也可以将自己的信息发布在BBS 上。每个 BBS 的设计风格和模式都有所不同。BBS 已经成为 Internet 上的一项标准应用，不仅各大学都设立了 BBS 网站，而且很多其他网站也附加了 BBS 功能，让访问者能够就某些问题发表自己的看法。

（2）博客。

博客（Blog 即网络日志）是一种十分简易的个人信息发布方式，是一个在网络上展示个性的新天地。在博客上可以出版、发表、转载、张贴个人文章。如果想在新浪网申请博客，点击新浪博客首页右上角的"开通新博客"，即可进入注册页面，然后可以设置博客的版式，发布博客的文章。

（3）微博。

微博（Micro Blog 即微型博客）是一个基于信息分享、传播以及获取的平台。用户可以组建个人社区，发布 140 字左右的文字信息，并实现即时分享。微博主既可以作为观众浏览感兴趣的信息，也可以作为发布者发布信息供别人浏览，可以发布文字、图片、视频等信息。微博的特点是发布信息、传播信息的速度快。

3. 电子邮件服务

电子邮件服务（E-mail 服务）是最常见、应用最广泛的一种互联网服务。通过电子邮件，可以与 Internet 上的任何人交换信息。电子邮件因其快速、高效、方便得到了广泛的应用。

电子邮件通常在数秒钟内即可送达全球任意位置的收件人信箱。电子邮件发送的信件内容除普通文字外，还可以是软件、数据，甚至是录音、动画、视频或各类多媒体信息。电子邮件采取的是异步工作方式，它在高速传输的同时允许收信人自由决定在什么时候、什么地点接收和回复，收件人无须固定守候在线路另一端。用户可以在方便的任意时间、任意地点，甚至是在旅途中收发电子邮件，从而跨越了时间和空间的限制。

4. 即时通信

即时通信服务提供文字、语音、视频、传输文件等多种信息交流服务。常见的即时通信工具软件有腾讯 QQ、MSN、微信等。

5. 搜索引擎

搜索引擎是指根据一定的策略、运用特定的计算机程序从互联网上收集信息，在对信息进行组织和处理后，将用户检索相关的信息展示给用户，为用户提供检索服务。搜索引擎包括全文索引、目录索引、元搜索引擎、垂直搜索引擎、集合式搜索引擎、门户搜索引擎与免费链接列表等。百度和谷歌等是搜索引擎的典型代表。利用搜索引擎人们能够搜索到自己需要的信息。

6. 远程登录

远程登录是指用户使用 Telnet 命令，使自己的计算机暂时成为远程主机的一个仿真终端的过程。仿真终端等效于一个非智能的机器，它只负责把用户输入的每个字符传递给主机，再将主机输出的每个信息回显在屏幕上。Telnet 是进行远程登录的标准协议，它为用户提供了通过本地计算机控制远程主机工作的途径。远程登录能够实现异地信息处理。

7. 文件传输

文件传输协议（File Transfer Protocol，FTP）用于 Internet 上文件的双向传输。用户可以利用文件传输技术把自己的文件从远程计算机上拷到本地计算机，或把本地计算机的文件发送到远程计算机。

8. 网络视听娱乐

网络视听娱乐是指安装播放器软件后，利用网络实现在线听音乐、看视频。

9. IP 电话

现代社会里电话已经成为必不可少的交流工具。利用 Internet 提供的网络电话功能，能够让用户进行语音、视频通话。网络电话的原理是先将声音通过声卡数字化，然后将声音数据通过 Internet 传输至接收方，接收方再将此数据还原为声音。

6.2.4　接入 Internet 网络

1. 通过网络服务商接入 Internet

网络服务商（Internet Service Provider，ISP）是网络用户进入 Internet 的入口和桥梁。提供 Internet 接入服务和 Internet 内容提供服务。下面主要介绍 Internet 接入服务，即通过电话线把用户的计算机或其他终端设备连入 Internet，例如，中国电信、中国移动、中国联通、歌华有线、长城宽带等都提供互联网接入服务。

2. 通过无线网络接入 Internet

WAP（Wireless Application Protocol）即无线应用协议。这是一个使用户借助无线手持设备（如掌上电脑、手机等）获取信息的安全标准。1997 年，移动通信界的四大公司爱立信、摩托罗拉、诺基亚和无线星球组成了无线应用协议（WAP）论坛，目的是建立一套适合不同网络类型的全球协议规范。它的出现使移动 Internet 有了一个通行的标准，标志着移动 Internet 标准的成熟。2000 年中国移动通信集团公司开通全球通 WAP 商用试验网。WAP 业务的开通在 Internet 与移动通信之间架起了一座应用平台。WAP 业务为具有数据业务功能的手机用户提供直接上网的功能。用户通过手机访问各类 WAP 站点，即可直接从手机上获取专门为 WAP 用户定制的内容，包括新闻、天气预报、股票信息、航班和车次信息、体育信息等。

Wi-Fi（Wireless Fidelity）是一种能够将个人电脑、手持设备（如 iPad、手机）等以无线方式相互连接的技术。Wi-Fi 是一个无线网络通信技术的品牌，目的是改善无线网络产品之间的互通性。Wi-Fi 上网可以简单地理解为无线上网，是当今使用最广的一种无线网络传输技术。实际上就是把有线网络信号转换成无线信号，通过无线路由器供支持其技术的相关电脑、手机、平板等接收。手机如果有 Wi-Fi 功能的话，在有 Wi-Fi 信号的时候就可以不通过移动、联通的网络上网，省掉了流量费。Wi-Fi 信号也是由有线网提供的，比如家里的 ADSL、小区宽带等，只要接一个无线路由器，就可以把有线信号转换成Wi-Fi信号。

3. 通过代理服务器访问 Internet

随着 Internet 技术的迅速发展，越来越多的计算机连入了 Internet。很多公司也将自己公司的局域网接入了 Internet。通过代理服务器可以快速地访问 Internet 站点，提高网络的安全性。

代理服务器（Proxy Server）是个人网络和 Internet 服务商之间的中间代理机构，它负责转发合法的网络信息，对转发进行控制和登记。代理服务器作为连接 Internet（广域网）与 Intranet（局域网）的桥梁，能够让多台没有 IP 地址的电脑使用其代理功能。当代理服务器客户端发出一个对外的资源访问请求时，该请求先被代理服务器识别并由代理服务器代为向外请求资源。由于一般代理服务器拥有较大的带宽、较高的性能，并且能够智能地缓存已浏览或未浏览的网站内容，因此，在一定情况下，客户端通过代理服务器能更快速地访问网络资源。

要设置代理服务器，必须先知道代理服务器的地址和端口号，然后在 IE 浏览器的"工具—Internet 选项—连接—局域网设置—代理服务器"的设置栏中填入相应地址和端口号就可以了。

6.3
Internet 的应用

【学习目标】

※ 了解 IE、博客、邮件的基本概念；

※ 掌握 IE 浏览器的基本参数设置；

※ 熟练博客的基本操作；

※ 掌握电子邮件的基本操作。

6.3.1 IE 浏览器的应用

1. 统一资源定位器

统一资源定位器（URL）是用来寻找互联网资源地址的规则。URL 通常由三部分组成：协议类型、网站的 IP 地址或域名地址、文件路径和文件名，文件路径和文件名可以省略。一般格式如下：

协议类型：//网站的 IP 地址或域名地址/文件路径/文件名

例如，新浪主页的 URL 为：http：//www. sina. com. cn，将其在浏览器输入后，能够显示新浪的主页。

2. 浏览器

浏览器是指可以显示网页程序内容，并让用户与这些文件交互的软件。网页浏览器主要通过 HTTP 协议与网页服务器交互并将网页的内容显示给浏览者。

常见的网页浏览器包括微软的 Internet Explorer（简称 IE 浏览器）、Firefox 浏览器、Safari 浏览器、360 安全浏览器、傲游浏览器、腾讯 QQ 浏览器等。

3. 打开和关闭 Internet Explorer

在 Win 7 系统的桌面，选择打开"Internet Explorer"，出现如图 6-4 所示的"Internet Explorer"窗口，在"地址栏"输入网站的域名，就可以浏览网站的内容。

在图 6-4 所示的"Internet Explorer"窗口，单击右上角的×图标，即可以关闭 Internet Explorer。

图 6 - 4 Internet Explorer

4. 设置 IE 浏览器参数

（1）常规设置。

在图 6 - 4 所示的"Internet Explorer"窗口，单击"工具"按钮，选择"Internet 选项"，出现如图 6 - 5 所示的"Internet 选项—常规"界面。

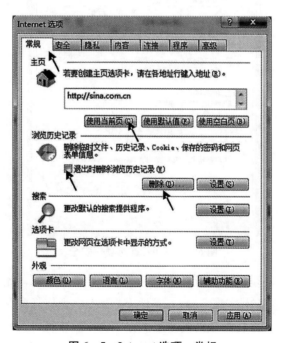

图 6 - 5 Internet 选项—常规

在"常规"标签页允许用户进行起始主页、历史记录和临时文件等设置。

● IE 浏览器主页设置。

用户可以设置打开 IE 浏览器时，自动显示的网站主页。例如，将 http：//sina.

com. cn 作为默认网站的设置方法如图 6-5 所示。

● Internet 临时文件。

浏览网页内容时，IE 浏览器会自动将访问过的网页内容保存在浏览器的临时文件夹中，这些保存的文件就是临时文件，在下次访问该网页时可以提高浏览的速度。但是如果保存的临时文件太多，也会导致 IE 浏览器的访问速度过慢，浪费计算机的硬盘存储空间，所以随时清理临时文件是非常有必要的。

● 历史记录。

IE 浏览器可以将最近一段时间内访问过的网址保存在历史记录中，便于用户快速访问。用户可以自定义保存历史记录的天数，这样电脑就会自动清除到期的历史记录，也可以手动清除历史记录。在图 6-5 所示的"Internet 选项—常规"界面，单击"删除"按钮，能够删除历史记录或临时文件，这样能够节省硬盘的存储空间。

（2）安全设置。

在图 6-4 所示的"Internet Explorer"窗口，单击"工具"按钮，选择"Internet 选项—安全"，出现如图 6-6 所示的界面。

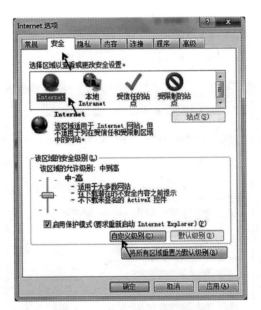

图 6-6　Internet 选项—安全

这里说的 Internet 安全设置是指对 IE 访问区域的安全设置，此处可以设定对被访问网站的信任程度。IE 能够针对 Internet、本地 Intranet、受信任的站点、受限制的站点四个区域设置其安全级别，系统默认的安全级别分别为中、中低、高和低。

在浏览网页时经常会弹出一些令人厌烦的广告，为了阻止广告窗口的弹出可以对 Internet 安全区域进行设置。操作步骤方法：

在如图 6-6 所示的"Internet 选项—安全"界面，选择"Internet"选项，单击"该区域的安全级别—自定义级别"按钮，打开"安全设置"对话框，在"活动脚本"选项中

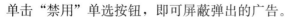

单击"禁用"单选按钮，即可屏蔽弹出的广告。

（3）隐私设置。

在图6-4所示的"Internet Explorer"窗口，单击"工具"按钮，选择"Internet选项—隐私"，出现如图6-7所示的界面。

Cookies是一种能够让网站服务器把少量数据储存到客户端的硬盘或内存，或从客户端的硬盘读取数据的技术。当用户浏览某网站时，Web服务器便在客户端的硬盘上记录用户ID、密码、浏览过的网页、停留的时间等信息，这些数据称作Cookies信息。当用户再次来到该网站时，网站通过读取Cookies获取相关数据，就可以做出相应的动作，这样避免了用户再次输入。

Cookies中的内容大多数经过了加密处理，因此在一般用户看来只是一些毫无意义的字母数字组合，只有服务器的处理程序才知道它们的真正含义。由于Cookies是用户浏览的网站传输到用户计算机硬盘中的文本文件或内存中的数据，因此它在硬盘中存放的位置与使用的操作系统和浏览器密切相关。

在图6-7所示的"Internet选项—隐私"界面，移动滑块可以设置Cookies的安全级别。

（4）内容设置。

在图6-4所示的"Internet Explorer"窗口，单击"工具"按钮，选择"Internet选项—内容"，出现如图6-8所示的界面。

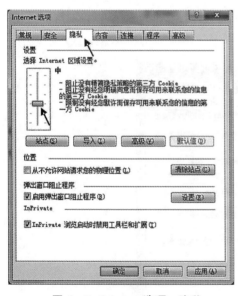

图6-7 Internet 选项—隐私

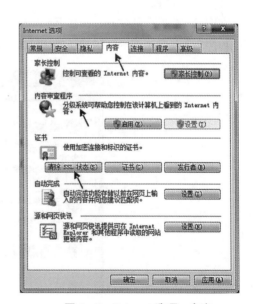

图6-8 Internet 选项—内容

互联网上的有些内容如暴力、裸体、性等不适合人们浏览。在图6-8所示的"Internet选项—内容"界面，可以按照分级审查的设置级别显示有关内容。为了保证系统的安全也可以设置系统的安全证书。

（5）连接设置。

在图 6-4 所示的"Internet Explorer"窗口，单击"工具"按钮，选择"Internet 选项—连接"，出现如图 6-9 所示的界面。在此，可以设置连接方式。

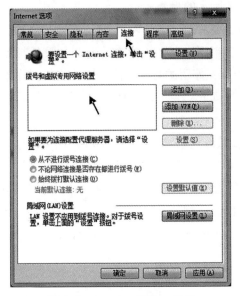

图 6-9   Internet 选项—连接

（6）程序设置。

在图 6-4 所示的"Internet Explorer"窗口，单击"工具"按钮，选择"Internet 选项—程序"，出现如图 6-10 所示的界面。

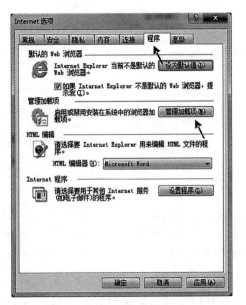

图 6-10   Internet 选项—程序

在图 6-10 所示的"Internet Explorer—程序"设置界面，可以设置与 Internet 有关

的服务程序和默认的 Web 浏览器。

5. 收藏夹的作用

可以把经常浏览的网站保存到收藏夹列表中，以后再次浏览这个网站时，可以直接从收藏夹列表中选择来浏览对应的网站，免去在地址栏中输入网站域名。为了便于管理收藏的网站，收藏夹可以进行分类管理。

（1）添加到收藏夹。

在图 6-4 所示的"Internet Explorer"窗口，单击"查看"按钮，选择"添加到收藏夹"标签，出现如图 6-11 所示的"添加收藏"对话框，能够把浏览的网页添加到收藏夹中。若在"创建位置"选择"收藏夹"或其下文件夹后，单击"添加"按钮，网页被保存在指定的收藏夹。若在"创建位置"选择"收藏夹"或其下文件夹后，单击"新建文件夹"按钮，将在指定的收藏夹中创建新的收藏夹。

图 6-11　添加收藏

（2）整理收藏夹。

在图 6-4 所示的"Internet Explorer"窗口，单击"查看"按钮，选择"收藏夹"标签，出现收藏的网页列表，单击鼠标右键，出现如图 6-12 所示的"整理收藏夹"快捷菜单。选择"新建文件夹"，可以创建新的收藏夹；选择"复制"，可以复制收藏夹；选择"重命名"，可以重命名收藏夹；选择"删除"，可以删除收藏夹。

图 6-12　整理收藏夹

6.3.2　博客的应用

1. 博客

博客（Blog）是以网络作为载体，利用网络提供的存储空间，让网友能够方便地在网

157

络上发布自己的信息，及时、轻松地与他人进行交流，展示个性化特征的综合技术平台。每个人都可以使用博客，在自己申请的网络博客空间发表文章或阅读他人的文章，其他人看到后会在其后留言，这样会留下很多记录日志，所以博客也称作网络日志。

博客的内容可以是纯粹个人的想法和心得，主题内容可以是对时事新闻、现实事物、国家大事的看法，也可以是琐碎的事情记录等。博客带有很明显的个人性质，是纯粹个人思想的表达和日常琐事的记录，它所提供的内容可以用来进行交流和为他人提供帮助。

2. 如何申请博客空间

想要写博客，首先要确定在哪个网站申请博客空间，比如网易、新浪等都提供博客空间服务。成功申请博客空间后，获得管理博客的登录名和密码。下面介绍在网易网站申请博客空间的方法。

（1）进入网易博客网站的主页。

在 IE 浏览器地址栏输入"http：//blog.163.com"，进入网易博客网站的主页，单击"注册"按钮，出现如图 6-13 所示的"注册网易博客"界面。

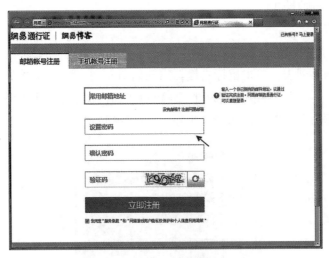

图 6-13　注册网易博客

（2）输入博客资料。

在图 6-13 所示的"注册网易博客"界面，按照提示填写有关内容，在"设置密码"和"密码确认"位置，输入登录博客的密码，按照屏幕提示输入正确的验证码，然后单击"立即注册"按钮。提交信息成功后，可以设置博客的页面、风格、样式等内容。

3. 怎样写博客

（1）在 IE 浏览器的地址栏输入申请的博客域名并登录后，选择"日志"标签，单击"写日志"按钮，进入写博客文章的界面。

（2）写博客文章时可以设置版面格式，包括设置字体、字号、颜色，插入图片，插入视频，插入表情，添加标签，设置允许或不允许评论等。写完博客文章后，选择好博客文章的分类，单击"发博文"按钮发表博客文章。

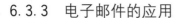

6.3.3　电子邮件的应用

电子邮件已经成为网络用户日常交往过程中进行信息交流与传送的重要手段，它具有速度快、信息内容丰富、使用方便等优点。

1. 申请电子邮箱

使用互联网处理电子邮件需要申请电子邮箱，目前很多网站提供免费电子邮箱和收费电子邮箱服务，用户可以根据自己的需要申请相应电子邮箱服务。电子邮箱地址由邮箱名称、@、网站名称共三部分组成。

申请邮箱的实质是在网站的电子邮件服务器，建立了一个以邮箱名字命名的文件夹，其他人发给你的邮件都保存到这个文件夹中。邮箱的主人只要打开邮箱，就会看到这个文件夹里的文件，等同于看到了别人发来的邮件。下面介绍如何在网易网站（www.163.com）申请电子邮箱的操作过程。

（1）在 IE 浏览器的地址栏输入"www.163.com"登录网站，如图 6-14 所示为网易主页。

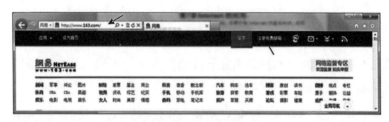

图 6-14　网易主页

（2）在图 6-14 所示的网易主页，选择"注册免费邮箱"，出现图 6-15 所示的"注册网易邮箱"界面。

图 6-15　注册网易邮箱

（3）在图 6-15 所示的"注册网易邮箱"界面的"邮件地址"位置输入要建立的邮箱名称，按照提示输入密码、确认密码、验证码，单击"立即注册"按钮，出现图 6-16 所示的"网易邮箱注册成功"提示。

图 6-16　网易邮箱注册成功

（4）在图 6-16 所示的"网易邮箱注册成功"界面，可输入手机验证资料。单击"跳过这一步，进入邮箱"按钮，出现如图 6-17 所示的"网易邮箱"界面。

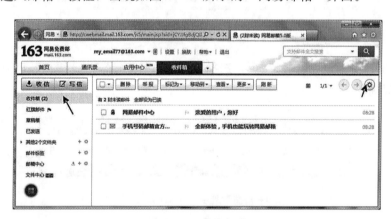

图 6-17　网易邮箱

（5）在图 6-17 所示的"网易邮箱"界面，单击 按钮，出现图 6-18 所示的"网易邮箱—基本设置"界面，选择"基本设置"选项，进行基本设置。

（6）在图 6-18 所示的"网易邮箱—基本设置"界面，选择"POP3/SMTP/IMAP"选项，出现图 6-19 所示的"网易邮箱—设置 POP3/SMTP/IMAP"界面。

（7）在图 6-19 所示的"网易邮箱—设置 POP3/SMTP/IMAP"界面，选择"POP3/SMTP/IMAP"选项，设置"POP3/SMTP/IMAP"参数，勾选"开启"选项，为后续 Outlook 设置做好准备。

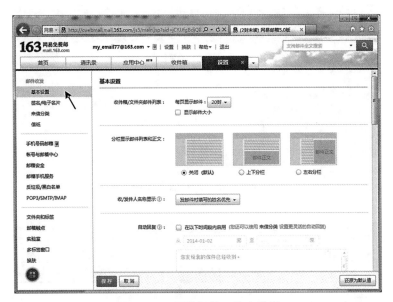

图 6 - 18　网易邮箱—基本设置

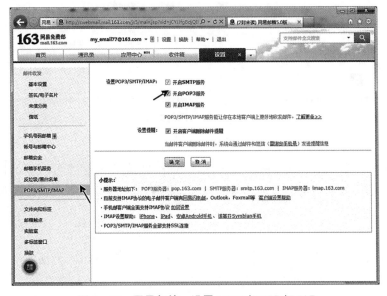

图 6 - 19　网易邮箱—设置 POP3/SMTP/IMAP

2. 管理电子邮箱

申请了电子邮箱以后可以管理邮箱里的邮件，包括收信、写信、删除信件等操作。各
网站的邮箱管理软件的功能各有特点。在 IE 浏览器的地址栏输入"http：//
email. 163. com"登录网站，出现如图 6 - 20 所示的"登录网易邮箱"界面。

在图 6 - 20 所示的"登录网易邮箱"界面，输入已经注册的邮箱名称和密码，单击
"登录"按钮，出现图 6 - 21 所示的"网易邮箱"界面。

計算机应用基础（数字教材版）

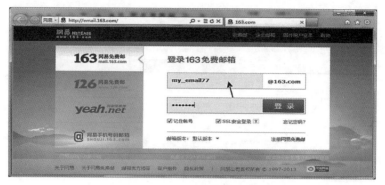

图 6-20 登录网易邮箱

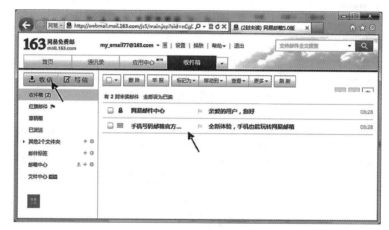

图 6-21 网易邮箱

（1）收信。

在如图 6-21 所示的"网易邮箱"界面，单击"收信"按钮，可以显示目前收件箱里的信件。单击信件的标题可以显示信件的内容。选择信件后，单击"删除"按钮，可以将选择的信件删除。

（2）写信。

在如图 6-21 所示的"网易邮箱"界面，单击"写信"按钮，出现如图 6-22 所示的"网易邮箱—写信"界面，可以给其他人发邮件。

● 在"收件人"处填写收件人完整的邮箱地址。如果给多个人发邮件，那么邮箱地址之间用分号分开。自己也可以给自己发邮件。

● 在"主题"处填写邮件的标题名称，以便收件人了解邮件的简要内容。

● 如果要添加附件，可以单击"添加附件"选项，在出现的如图 6-23 所示"网易邮箱—添加邮件附件"对话框中选择附件文件。

● 输入邮件的内容，输入内容时可以设置邮件的版面格式。

● 单击"发送"按钮，邮件就被发送，屏幕显示"邮件成功发送"的提示信息。单击"存草稿"按钮，邮件被保存到草稿箱中，以后可以随时发送草稿箱中的邮件。

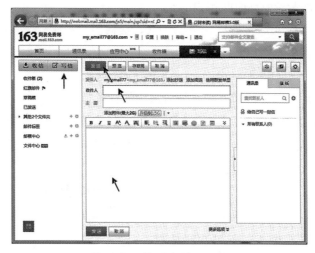

图 6-22 网易邮箱—写信

图 6-23 网易邮箱—添加邮件附件

习 题

一、简答题

1. 说明计算机网络的含义。

2. 说明 ISO/OSI 网络参考模型的组成。

3. 什么是网络协议？常见的网络协议有哪些？

4. 局域网包括哪些设备？

5. 说明 TCP/IP 的作用。

二、单选题

1. 登录互联网采用的协议是_____。

A. HTTP   B. TCP/IP   C. SMTP   D. PPP

2. ISO/OSI 网络参考模型面向用户的是_____。

A. 物理层　　　　　B. 传输层　　　　　C. 会话层　　　　　D. 应用层

3. 在网络上发布信息可以利用_____技术。

A. FTP　　　　　　B. Telnet　　　　　C. BBS　　　　　　D. TCP/IP

4. 登录互联网后可以进行网上实时交流采用的技术是_____。

A. 即时聊天工具软件　　　　　　　　B. 办公软件

C. 杀毒软件　　　　　　　　　　　　D. 防火墙软件

5. 计算机网络的突出特点是_____。

A. 速度快　　　　　　　　　　　　　B. 一对一传输信息

C. 数据共享　　　　　　　　　　　　D. 网络控制

6. IPv4 地址采用_____位二进制表示。

A. 16　　　　　　　B. 32　　　　　　　C. 64　　　　　　　D. 128

7. 用于文件传输的协议是_____。

A. HTTP　　　　　B. TCP/IP　　　　　C. FTP　　　　　　D. SMTP

8. 利用计算机网络的目的是_____。

A. 资源共享　　　　B. 共享游戏　　　　C. 共享软件　　　　D. 共享硬件

9. 计算机网络的基本功能是_____。

A. 资源共享　　　　B. 分布式处理　　　C. 数据通信　　　　D. 集中管理

10. 按照从低到高的顺序，在 OSI 参考模型中，第 1 层和第 5 层分别是_____。

A. 数据链路层和会话层　　　　　　　B. 数据链路层和表示层

C. 物理层和表示层　　　　　　　　　D. 物理层和会话层

11. 一座大楼内的一个计算机网络系统，属于_____。

A. 局域网　　　　　B. 广域网　　　　　C. 城域网　　　　　D. 互联网

12. 接入 Internet 的计算机必须共同遵守_____。

A. CPI/ IP 协议　　B. PCT/IP 协议　　C. PTC/IP 协议　　D. TCP/IP 协议

13. 以下有关代理服务器的说法中不正确的是_____。

A. 为工作站提供访问 Internet 的代理服务

B. 代理服务器可用作防火墙

C. 使用代理服务器可提高 Internet 的浏览速度

D. 代理服务器是一种硬件技术，是建立在浏览器与 Web 服务器之间的服务器

14. Internet 的核心内容是_____。

A. 全球程序共享　　B. 全球数据共享　　C. 全球信息共享　　D. 全球指令共享

15. Internet 上计算机的名字由许多域构成，域间用_____分隔。

A. 小圆点　　　　　B. 逗号　　　　　　C. 分号　　　　　　D. 冒号

16. 以下有关 Internet 服务提供商的说法中不正确的是_____。

A. ISP 是众多企业和个人用户接入 Internet 的驿站和桥梁

B. 二级 ISP 中以接入服务为主的服务商叫作 IAP

C. 二级 ISP 中以信息内容服务为主的服务商叫作 ICP

D. 主干网 ISP 从事长距离的接入服务，采用转接器来提供服务

17. 电子信箱地址的格式是_____。

A. 用户名@主机域名　　　　　　　B. 主机名@用户名

C. 用户名　主机域名　　　　　　　D. 主机域名　用户名

18. 远程计算机是指_____。

A. 要访问的另一系统的计算机　　　B. 物理距离 100km 以外

C. 位于不同国家的计算机　　　　　D. 位于不同地区的计算机

19. URL 是_____。

A. 定位主机的地址　　　　　　　　B. 定位资源的地址

C. 域名与 IP 地址的转换　　　　　D. 表示电子邮件的地址

20. 发送电子邮件使用的传输协议是_____。

A. SMTP　　　　B. Telnet　　　　C. HTTP　　　　D. FTP

21. 互联网上的远程登录基于_____协议。

A. SMTP　　　　B. Telnet　　　　C. HTTP　　　　D. FTP

22. IPv6 地址由_____位二进制表示。

A. 16　　　　　B. 24　　　　　　C. 128　　　　　D. 64

23. 用于安全超文本传输的协议是_____。

A. TCP/IP　　　B. HTTP　　　　C. HTTPS　　　　D. FTP

24. 实时交流的软件是_____。

A. Telnet　　　　B. TCP/IP　　　C. IE　　　　　　D. QQ

25. 浏览互联网网页的软件是_____。

A. Telnet　　　　B. TCP/IP　　　C. IE　　　　　　D. QQ

第 7 章
计算机安全

随着网络通信技术的发展，计算机已逐渐渗透到人们生活的各个领域，与此同时计算机病毒的产生和迅速蔓延使计算机系统的安全受到极大的威胁。本章介绍计算机安全技术、计算机病毒和木马的预防方法、使用计算机应当遵守的道德规范。

知识导论 ··· □

計算机安全

7.1 计算机安全概述
- ★ 7.1.1 计算机安全所涵盖的内容
- ★ 7.1.2 影响计算机安全的因素
- ★ 7.1.3 计算机安全的等级标准

7.2 计算机安全服务的主要技术
- ★ 7.2.1 网络攻击
- ★ 7.2.2 保护信息的基本方法
- ★ 7.2.3 防火墙

7.3 计算机病毒及其预防
- 7.3.1 计算机病毒的基本知识
- ★ 7.3.2 计算机病毒的主要特征
- ★ 7.3.3 病毒与木马的预防方法
- ★ 7.3.4 计算机安全防护软件

7.4 网络道德
- ★ 7.4.1 网络道德与网络道德缺失
- 7.4.2 网络道德缺失的对策

★ 为需要重点掌握的内容

7.1
计算机安全概述

【学习目标】

※ 了解计算机安全所涵盖的内容；

※ 了解影响计算机安全的主要因素。

7.1.1 计算机安全所涵盖的内容

计算机安全是指计算机系统的硬件、软件、数据受到保护，即计算机系统资源和信息资源不受自然和人为等因素的威胁和危害，不因意外的因素而遭到破坏、更改、泄露，系统能够连续正常运行。

计算机安全包括系统安全、网络安全、防范计算机病毒、防范黑客入侵、保证硬件安全五个部分。

7.1.2 影响计算机安全的因素

影响计算机安全的因素很多，包括人为因素、自然因素、系统设计因素和网络因素。

（1）人为的恶性攻击、操作的不规范是影响计算机安全的主要因素。

（2）自然灾害、电磁干扰、火灾、硬件故障、设备偷盗等，严重影响计算机的安全。

（3）计算机软件系统提供了信息的管理功能。软件是程序员设计的，软件系统设计和使用带来的缺陷会影响到计算机的安全。

（4）互联网是对全世界都开放的网络，任何单位或个人都可以在网上方便地传输和获取各种信息，互联网具有开放性、共享性、自由性的特点，给网络的安全带来了隐患。

7.1.3 计算机安全的等级标准

1. 中国计算机信息系统安全保护等级划分

由公安部提出并组织制定、国家质量技术监督局发布的强制性国家标准《计算机信息系统安全保护等级划分准则》，将计算机信息系统的安全保护等级划分为用户自主保护级、系统审计保护级、安全标记保护级、结构化保护级、访问验证保护级等级别。

（1）第一级：用户自主保护级。

本级的计算机信息系统可信计算机通过隔离用户与数据，使用户具备自主安全保护的能力。它具有多种形式的控制能力，对用户实施访问控制，即为用户提供可行的手段，保护用户和用户信息，避免其他用户对数据的非法读写与破坏。

（2）第二级：系统审计保护级。

与用户自主保护级相比，本级的计算机信息系统可信计算机实施了更细的自主访问控制，它通过登录规程、审计安全性相关事件和隔离资源，使用户对自己的行为负责。包括自主访问控制、身份鉴别、审计、数据完整性控制。

（3）第三级：安全标记保护级。

本级的计算机信息系统可信计算机具有系统审计保护级的所有功能。此外，还需提供有关安全策略模型、数据标记以及主体对客体强制访问控制的非形式化描述，具有准确标记输出信息的能力，并能消除通过测试发现的任何错误。

（4）第四级：结构化保护级。

本级的计算机信息系统可信计算机建立于一个明确定义的形式化安全策略模型之上，要求将第三级系统中的自主和强制访问控制扩展到所有主体与客体。此外，还要考虑隐蔽通道。本级的计算机信息系统可信计算机必须结构化为关键保护元素和非关键保护元素。计算机信息系统可信计算机的接口也必须明确定义，使其设计与实现能经受更充分的测试和更完整的复审。系统加强了鉴别机制，支持系统管理员和操作员的职能，提供可信设施管理，增强了配置管理控制，具有抗渗透能力。

（5）第五级：访问验证保护级。

本级的计算机信息系统可信计算机满足访问监控器需求。访问监控器仲裁主体对客体的全部访问。访问监控器本身是抗篡改的，必须足够小，能够便于分析和测试。为了满足访问监控器的需求，计算机信息系统可信计算机在构造和设计时，需排除那些对实施安全策略来说并非必要的代码，从系统工程角度将其复杂性降到最低程度。系统支持安全管理员职能；扩充审计机制，当发生与安全相关的事件时可发出信号；提供系统恢复机制，具有很高的抗渗透能力。

2. 美国计算机安全保护等级划分

美国国防部于 1985 年颁布了计算机安全等级标准，共划分为四类七级，这七个等级从低到高依次为 D（D1）、C（C1、C2）、B（B1、B2、B3）、A（A1）。

（1）D 级。

这是计算机安全的最低一级。整个计算机系统是不可信任的，硬件和操作系统很容易被侵袭。D 级计算机系统对用户没有验证要求，也就是任何人都可以使用该计算机系统。系统不要求用户进行登记或口令保护。

（2）C1 级。

C1 级系统要求硬件有一定的安全机制（如硬件带锁装置和需要钥匙才能使用计算机等），用户在使用前必须登录到系统。C1 级系统还要求具有完全访问控制的能力，允许系统管理员为一些程序或数据设立访问许可权限。C1 级防护不足之处在于用户可直接访问操作系统。C1 级不能控制进入系统的用户的访问级别，所以用户可以将系统的数据任意移走。

（3）C2 级。

C2 级针对 C1 级的某些不足加强了几个特性，C2 级引进了受控访问环境的增强特性。

这一特性不仅以用户权限为基础，还进一步限制了用户执行某些系统指令。授权分级使系统管理员能够将用户分组，授予他们访问某些程序的权限或访问分级目录。另外，用户权限以个人为单位授权用户对某一程序所在目录的访问。如果其他程序和数据也在同一目录下，那么用户也将自动得到访问这些信息的权限。C2级系统还采用了系统审计。审计特性跟踪所有的"安全事件"。

（4）B1级。

B1级系统支持多级安全，多级是指这一安全保护安装在不同级别的系统中（网络、应用程序、工作站等），它对敏感信息提供更高级的保护。

（5）B2级。

这一级别称为结构化的保护（Structured Protection）。B2级安全要求给计算机系统中的所有对象加标签，而且给设备（如工作站、终端和磁盘驱动器）分配安全级别。如用户可以访问一台工作站，但可能不被允许访问有人员工资资料的磁盘子系统。

（6）B3级。

B3级要求用户工作站或终端通过可信任途径连接网络系统，这一级必须采用硬件来保护安全系统的存储区。

（7）A级。

A级是最高安全级别，这一级包括了它下面各级的所有特性。A级还附加一个安全系统受监视的设计要求。另外，必须采用严格的形式化方法来证明该系统的安全性。而且在A级，所有构成系统的部件的来源必须有安全保证，这些安全措施还必须担保在销售过程中这些部件不受损害。

7.2 计算机安全服务的主要技术

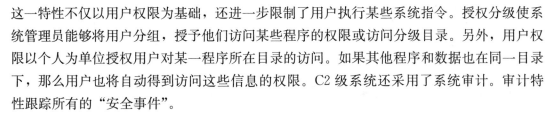

【学习目标】

※ 了解数据加密、身份认证、访问控制、入侵检测、防火墙的概念；
※ 了解 Windows 防火墙的基本功能。

7.2.1 网络攻击

网络攻击常被分为主动攻击和被动攻击，多数情况下这两种类型被联合用于入侵一个站点。主动攻击是攻击者采用故意行为对网站进行的攻击。主动攻击包括拒绝服务攻击、信息篡改、资源使用、欺骗等攻击方法。被动攻击是攻击者以收集信息为主，通过对数据的分析来攻击网站。被动攻击包括嗅探、信息收集等攻击方法。

当前的网络攻击没有规范的分类模式，攻击方法往往非常多样。实际上，黑客实施一次网络攻击行为，为达到其攻击目的会采用多种攻击手段，在不同的入侵阶段使用不同的方法。

7.2.2　保护信息的基本方法

当今互联网蓬勃发展，如何保护信息的安全，成为一项重要的研究课题。利用加密技术、进行身份认证、实施访问控制、进行入侵检测、设置防火墙是保护信息的最基本的方法。

1. 数据加密

加密是用基于数学算法的程序和加密的密钥对信息进行编码，生成常人难以理解的符号。加密的目的是对消息或信息进行伪装或改变。

原始的、未被伪装的消息称作明文 P（Plaintext），也称作信源 M（Message）。通过一个密钥 K（Key）和加密算法，可以将明文 P 变换成一种伪装的形式，称为密文 C（Cipher Text），这种变换过程称为加密 E（Encryption）。由密文 C 恢复出原明文 P 的过程称为解密 D（Decryption）。密钥 K 的所有可能的取值范围叫作密钥空间。对明文进行加密所采用的一组规则，即加密程序的逻辑称作加密算法。消息传送后的预定对象称作接收者，它对密文进行解密时所采用的一组规则称作解密算法。加密和解密算法的操作通常都在一组密钥 K 的控制下进行，分别称作加密密钥和解密密钥。

加密程序和加密算法对安全保护至关重要。加密消息的可破密性取决于加密所用密钥的长度，其单位是位（bit）。40bit 的密钥是最低要求，更长（如 128bit）的密钥能提供更高程度的加密保障。

2. 身份认证

身份认证是系统审查用户身份的过程，通过身份认证能够确定该用户是否具有对某种资源的访问和使用权限。身份认证通过标识和鉴别用户的身份，提供一种判别和确认用户身份的机制。计算机网络中的身份认证是通过将一个证据与实体身份绑定来实现的。实体可能是用户、主机、应用程序。身份认证技术在信息安全中处于非常重要的地位，是其他安全机制的基础。只有实现了有效的身份认证，才能保证访问控制、安全审计、入侵防范等安全机制的有效实施。

（1）基于密码的身份认证。

密码是用户与计算机之间以及计算机与计算机之间共享的一个秘密，密码通常由一组字符串组成。在密码验证的过程中，其中一方向认证方提交密码，表示自己知道该秘密，认证方核对密码，确认后通过认证。

（2）基于智能卡的身份认证。

智能卡也称作 IC 卡，由集成电路芯片组成。智能卡可以安全地存储密钥、证书和用户数据等安全信息。智能卡芯片在应用中可以独立完成加密、解密、身份认证、数字签名

等安全任务，从而完成智能卡的身份认证。

（3）基于生物特征的身份认证。

生物特征认证是指通过计算机利用人体固有的物理特征或行为特征鉴别个人身份的认证方式，例如，指纹、视网膜可以用于身份认证。

3. 访问控制

访问控制是指保证合法用户访问受保护的网络资源，防止非法的主体进入受保护的网络资源，防止合法用户对受保护的网络资源进行非授权的访问。访问控制首先需要对用户身份的合法性进行验证，同时利用控制策略进行管理。当验证用户身份和访问权限之后，还需要对越权操作进行监控。因此访问控制的内容包括认证、控制策略实现和安全审计。

4. 入侵检测

入侵检测系统（Intrusion Detection System，IDS）是一项计算机网络安全技术。随着 Internet 网络技术的发展，资源共享型以及信息传递型计算机网络系统日益遭到恶意的破坏与攻击，使得计算机网络安全日益成为人们关注的焦点。为了弥补传统的计算机网络安全技术的缺陷与不足，入侵检测系统已经成为计算机网络安全保护的一道屏障。入侵检测系统作为一种积极主动的网络安全防护技术，提供对内部网络攻击、外部网络攻击以及误操作的实时保护，在网络系统受到侵害之前做出入侵响应，能很好地弥补防火墙技术的不足。软件技术还不可能百分之百地保证系统中不存在安全漏洞，针对日益严重的网络安全问题和安全需求，适应网络安全模型与动态安全模型应运而生，入侵检测系统在网络安全技术中占有重要的地位。

7.2.3 防火墙

1. 防火墙的功能

防火墙分为数据包过滤、应用级网关和代理服务器等几大类型，其主要功能如下：

（1）数据包过滤。

数据包过滤（Packet Filtering）是指在网络层对数据包进行选择，通过检查数据流中每个数据包的源地址、目的地址、所用的端口号、协议状态等因素，或它们的组合来确定是否允许该数据包通过。

由于数据包的源地址、目的地址以及 IP 的端口号都在数据包的头部，很有可能被窃听或假冒，这种防范技术存在缺点。

（2）应用级网关。

应用级网关针对特定的网络应用服务协议使用指定的数据过滤逻辑，并在过滤的同时，对数据包进行必要的分析、登记和统计，并形成报告。一旦验证逻辑被攻破，则防火墙内外的计算机系统将受到非法访问和攻击。

（3）代理服务器。

代理服务器是将所有跨越防火墙的网络通信链路分为两段。防火墙内外计算机系统间应用层的"链接"，由两个终止于代理服务器的"链接"来实现，外部计算机的网络链路只能到达代理服务器，从而起到了隔离防火墙内外计算机系统的作用。

2. 防火墙提供的保护

（1）防范他人连接到你的计算机并以某种形式控制计算机，例如，查看或访问计算机中的文件以及计算机上实际运行的程序。

（2）防范具有特殊功能的程序如黑客程序，通过远程访问利用系统程序或用户程序存在的缺陷，对系统程序或用户程序进行控制。

（3）防范黑客通过向服务器发送无数无法应答的会话请求，使得服务器速度变慢或者最终崩溃。

（4）防范某人向用户计算机发送大量相同的电子邮件，直到用户的电子邮件系统再也无法接收任何邮件。

（5）防范黑客利用创建的宏，摧毁用户的数据或使计算机崩溃。

（6）防范计算机病毒对计算机的侵害。

3. Win 7 防火墙的设置

（1）Win 7 防火墙窗口。

在 Win 7 系统桌面，选择"控制面板—系统和安全—Windows 防火墙"，打开如图 7-1所示的"Windows 防火墙"窗口。

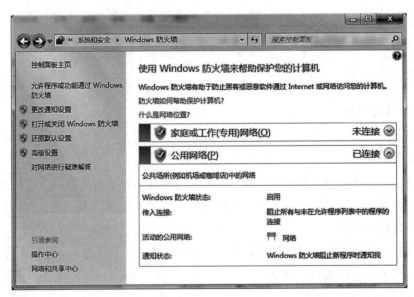

图 7-1　Windows 防火墙

（2）启动 Win 7 防火墙。

在图 7-1所示的"Windows 防火墙"窗口，选择"打开或关闭 Windows 防火墙"选项，出现如图 7-2 所示的"打开或关闭 Windows 防火墙"窗口，可以设置开启或关闭 Windows 防火墙。

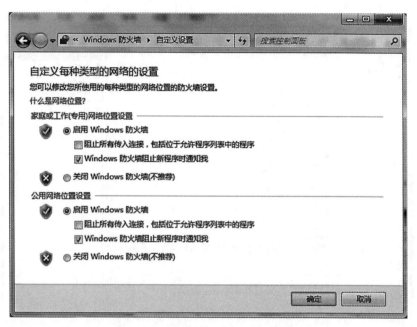

图 7-2　打开或关闭 Windows 防火墙

（3）Win 7 防火墙的还原。

在图 7-1 所示的"Windows 防火墙"窗口，选择"还原默认设置"选项，出现如图 7-3所示的"还原默认设置"窗口，可以还原 Windows 防火墙的设置。

（4）Win 7 防火墙的高级设置。

在图 7-1 所示的"Windows 防火墙"窗口，选择"高级设置"选项，出现如图 7-4 所示的"Windows 防火墙—高级设置"窗口，可以设置包括出入站规则、连接安全规则等。

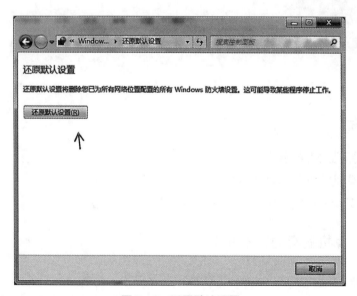

图 7-3　还原默认设置

图 7 - 4　Windows 防火墙—高级设置

　　每个用户对于系统安全的需求是完全不同的，所以在对防火墙的设置方面要求也不一样。有的电脑用户由于经常通过 Wi-Fi 公共网络上网工作或娱乐，所以对于系统的安全保护应当采用较高级别，不能让任何入侵者悄然进入自己的电脑系统。而如果从来都不使用公共网络，防火墙就没有必要设置那么高的防御级别，否则会给自己的使用带来不便。

7.3

计算机病毒及其预防

【学习目标】

　　※ 了解计算机病毒的基本知识；

　　※ 了解计算机病毒和木马的区别；

　　※ 了解典型计算机安全防护软件的功能和常用使用方法。

7.3.1　计算机病毒的基本知识

　　计算机病毒（Computer Virus）也被称作恶意代码，指为达到特殊目的而制作和传播的、影响计算机正常工作的代码或程序。这些程序之所以被称作病毒，主要是由于它们具

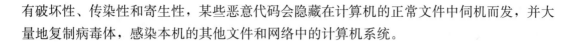

有破坏性、传染性和寄生性，某些恶意代码会隐藏在计算机的正常文件中伺机而发，并大量地复制病毒体，感染本机的其他文件和网络中的计算机系统。

7.3.2 计算机病毒的主要特征

1. 非法性

计算机病毒是非法程序，计算机用户不会明知是病毒程序而故意去执行运行它。但计算机病毒具有正常程序的一切特性，它将自己隐藏在合法的程序或数据中，当用户运行诸如这些合法程序时，病毒会伺机窃取计算机系统的控制权并抢先运行，此时的用户一般还认为程序在正常运行。病毒的这些行为都是在未获得计算机用户的允许下悄悄运行的，而且绝大多数都是违背用户自身意愿和利益的。

2. 隐藏性

计算机病毒是非法的程序，隐藏性是计算机病毒最基本的特征，它不可能正大光明地运行。经过伪装的病毒被用户当作正常的程序运行，这同样是病毒触发的一种手段。有些病毒将自己隐藏在磁盘上标为坏簇的扇区中，有些以隐含文件的形式出现，比较常见的隐藏方式是将病毒文件放在 Windows 系统目录下，使对计算机操作系统不熟悉的人不敢轻易删除它。计算机病毒能够在用户没有察觉的情况下扩散到上百万台甚至数目更为惊人的计算机中。计算机用户如果掌握了这些病毒的隐藏方式，通过加强对日常文件的管理，计算机病毒便无处藏身了。

3. 潜伏性

计算机病毒具有依附于其他媒体而寄生的能力，我们把这种媒体称为计算机病毒的宿主。依靠寄生能力，病毒传染到合法的程序和系统后，不立即发作，而是悄悄地隐藏起来，只有在发作日才会露出本来面目。病毒的潜伏性越好，它存在系统中的时间越长，传染的范围越大，危害性越大。计算机病毒在感染计算机系统后，其触发是由发作条件确定的。在发作条件满足前，病毒在系统中一般没有表现症状，从而不影响系统的正常运行。

4. 可触发性

计算机病毒一般都有一个或者几个触发条件。当满足这些触发条件或者激活病毒的传染机制就会使其进行传染，或者激活病毒的表现部分、破坏部分。"触发"实质是一种条件的控制，病毒程序依据设计者的要求，在一定条件下实施对计算机系统以及计算机网络的攻击。这个条件可以是使用特定文件、输入特定字符、某个特定日期或特定时刻，或者病毒内置的计数器达到一定次数等。

5. 破坏性

计算机病毒造成的最显著后果是破坏计算机系统，导致其无法正常工作或删除用户保存的数据。无论是占用大量的系统资源导致计算机无法正常使用，还是破坏文件，甚至损毁计算机硬件等都会影响用户正常使用计算机。病毒的破坏方式呈多样化的，破坏性可分为良性病毒和恶性病毒。良性病毒是指不直接对计算机系统进行破坏的病毒。比如，在屏幕上出现一些卡通形象或者一段音乐，但这并不代表其完全没有危害性。这类病毒有可能占用系统的大量资源，导致系统运行缓慢。恶性病毒对计算机系统来说是危险的，这类病毒发作后会严重破坏计算机系统，甚至使系统面临瘫痪与崩溃，给我们的工作和生活造成巨大的经济损失。

6. 传染性

计算机病毒可以从一个程序传染到另一程序，从一台计算机感染到另一台计算机，从一个计算机网络传播到另一个计算机网络，从而在各个系统蔓延、扩散，同时使被传染的计算机程序、计算机系统、计算机网络成为计算机病毒的生存环境及新的传染源。通常这类行为是未经用户允许的，隐藏进行的。

7. 变异性

计算机病毒在发展、演化过程中可以产生变种。有些病毒能够产生多种变异病毒。

8. 不可预见性

从对计算机病毒的检测方面来看，计算机病毒还具备不可预见的特性。不同种类病毒的代码千差万别，但有些操作是共有的。随着病毒的制作技术不断提高，病毒对反病毒软件来说永远是超前的。

7.3.3 病毒与木马的预防方法

病毒与木马的区别在于病毒以感染为目的，木马则更注重于窃取计算机中的信息。木马病毒是一种伪装潜伏的网络病毒。病毒有两个最明显的特点，一个是自我复制性，另一个是破坏性。而木马的最主要特点是控制计算机。目前木马主要通过捆绑其他程序、通过在系统中安装后门程序等方式，窃取用户的私密信息。

对于病毒和木马程序的预防，首先要树立正确的病毒木马防范意识，这是防病毒木马的前提和基础。其次，要加强对计算机应用的管理，增强对计算机病毒木马的认识，强化落实在各类病毒木马的传播阶段给予其设置阻碍。再次，应用有效的技术手段，利用成熟的杀毒软件和病毒木马防火墙及时发现计算机病毒木马程序并阻止其传播。最后，需要在平时使用计算机过程中养成良好的操作习惯。

针对病毒的预防可以采用以下方法：

（1）尽量避免在无防病毒软件的计算机上使用移动硬盘、U盘等。

（2）在计算机上安装一套具有防毒、查毒、杀毒的防病毒软件。

（3）使用新软件时，要先用防病毒软件对其程序进行安全扫描，这样可以有效减少感染病毒的概率。

针对木马的防护可以采用以下方法：

（1）不要随意下载不明网站的文件。

（2）某些病毒程序的文件扩展名是 pif、jse、vbe，要及时甄别清理这些文件。

（3）定期检查系统进程，查看是否有可疑进程存在。

7.3.4 计算机安全防护软件

随着互联网与现实生活的联系越来越紧密，网络风险也与日俱增。网络欺诈和各类盗号木马使人们防不胜防，与此同时出现了很多打击木马、修复系统漏洞的软件。"360安全卫士"是一款免费的安全类上网辅助工具软件。它具有查杀恶意软件、插件管理、病毒查杀、诊断及修复、保护等功能，同时还提供弹出插件免疫，清理使用痕迹以及系统还原等特定辅助功能。并且提供对系统的全面诊断报告，方便用户及时定位问题所在，真正为每一位用户提供全方位系统安全保护。

1. 电脑体检

在图7-5所示的360安全卫士主界面，单击"立即体检"按钮，对电脑进行实时检测，对电脑系统进行快速一键扫描，对木马病毒、系统漏洞、恶评插件等问题进行修复，并全面解决欠载的安全风险，提高电脑的运行速度。检测完毕后，窗口中会出现电脑当前的体检指数，代表了电脑的健康状况。同时会出现是否对电脑进行优化的提醒和安全项目列表。如果电脑存在不安全的项目，可以在下次体检时单独体检此项。另外通过"修改体检设置"还能够设置利用360安全卫士软件对电脑进行体检的方式和频率。

图7-5 360安全卫士主界面

2. 木马查杀

在图7-5所示的360安全卫士主界面，单击"木马查杀"按钮，即开始查杀系统中存在的木马，能保障系统账号及个人信息的安全。如图7-6所示为360安全卫士木马查杀窗口，扫描木马的方式有三种，分别是：

（1）快速扫描木马：只对系统内存、启动对象等关键位置进行扫描，速度较快。

（2）自定义扫描木马：可以通过"扫描区域设置"指定需要扫描的范围。

（3）全盘扫描木马：扫描系统内存、启动对象以及全部磁盘，速度较慢。

图 7 - 6 360 安全卫士木马查杀

选择一种扫描方式后，程序开始扫描，耐心等待一段时间后得到结果。如果电脑中有木马，扫描结束后会在列表中显示感染了木马的文件名称和所在位置。选择要清理的文件，单击"立即清理"按钮，可以清除木马文件。

3. 漏洞修复

在图 7 - 5 所示的 360 安全卫士主界面，单击"漏洞修复"按钮，电脑会自动进行系统漏洞扫描，然后会出现系统存在漏洞提示。选择需要修复的漏洞，单击"修复选中漏洞"按钮，即开始修复系统漏洞。之后按提示重新启动计算机系统来完成修复工作。

4. 系统修复

在图 7 - 5 所示的 360 安全卫士主界面，单击"系统修复"选项，可以进行系统修复，计算机扫描查找漏洞、修复异常的上网设置及系统设置让系统恢复正常设置。

5. 电脑清理

在图 7 - 5 所示的 360 安全卫士主界面，单击"电脑清理"选项，可以清理如下痕迹：

（1）使用 Windows 时留下的痕迹。

（2）使用各种应用程序时留下的痕迹。

（3）上网时留下的用户名、搜索词、密码、Cookies、历史记录等。

选择"全选"、"推荐"或者手动点击选择需要清理的记录，单击"立即清理"按钮，即可清除记录。

6. 优化加速

在图 7-5 所示的 360 安全卫士主界面，单击"优化加速"按钮，可以优化计算机系统，对计算机的开机时间、启动项、上网设置等进行优化并提高计算机的速度。

7. 电脑专家

在图 7-5 所示的 360 安全卫士主界面，单击"电脑专家"按钮，可以诊断计算机的故障。

8. 软件管家

在图 7-5 所示的 360 安全卫士主界面，单击"软件管家"按钮，可以下载新的软件、卸载已经安装的软件、进行软件升级。

7.4 网络道德

【学习目标】

※ 熟悉网络道德的基本要求。

7.4.1 网络道德与网络道德缺失

互联网的出现和飞速发展，正广泛而深刻地影响着人们的生活内容和生活方式。在网络强势进入人们的现实生活的同时，网络道德也以新的姿态随之而来。网络道德并不是游离于社会道德体系之外的一种社会道德概念，它是社会发展历史进程中所出现的一种与新的社会生活方式相适应的阶段性或以后长期存在的一种道德形式。

网络作为新的技术平台，具有交互性、即时性、便捷性、开放性等特点。但在为人们提供大量信息和便利条件的同时，也使一些人利用网络这个平台做了一些道德所不能容忍的事甚至是犯罪。一些电脑爱好者经常到黑客网站浏览教程并下载软件，然后以黑客的身份入侵网络系统。

网络的虚拟性、隐蔽性和无约束性特征会助长黑客的侥幸与放纵心理。许多人由于忽视网络文明进而引发网络犯罪，使之成为一个新的社会问题。实际上，网络道德失范已经不是一种简单的错误行为，它是当代人道德意识和心理畸形发展的具体反映，这种行为从某种角度折射出了诸多问题，极具危害性。

7.4.2　网络道德缺失的对策

网络道德缺失不仅影响网络社会的正常交往和进一步发展，同时也会对公民的社会化以及国家建设造成极为消极的影响，其危害不可小视。应在深入分析社会网络道德缺失原因的基础上，有针对性地采取各种有效措施缓解网络道德缺失现象。

1. 完善技术环境，从技术层面控制网络失范行为

尽管人们已经认识到依赖纯粹的技术手段并不能解决当前网络所面临的各种问题，但对网络相关技术的完善仍是当前缓解网络道德缺失的一种重要手段。这主要包括网络社会交往中的登录、交往行为以及信息发布等方面。如通过推广网络实名制和建立与 IP 地址的关联等手段防止网络欺诈。利用网络防火墙等技术对黑客等攻击性行为进行严格控制，防止盗取信息现象的发生。在信息的发布与传播方面，则可以通过加强内容审查或安装过滤软件等方式加以控制。

2. 建立完善的网络道德规范体系和法律法规制度

网络道德规范的建设是网络道德建设的基础。在建设有效的网络道德规范过程中，必须结合网络社会的本质特征，从网络社会是现实社会在网络中的延伸这一观点出发，遵循现实与虚拟相结合的原则，立足于现实社会道德，运用既有道德的一般原则培养并在网络活动实践中形成现实合理的网络道德规范，如诚信规范、公平规范、平等规范等都可以经过修改后成为网络社会重要的道德规范，形成统一的信息社会的道德体系。加大网络道德的宣传力度，在多元道德体系中遵守适合我国国情和社会发展要求的道德规范，发展和弘扬既有道德的优势。

法律是最低的道德规范。在当前人们的网络规范意识还普遍比较缺乏的情况下，可以借助适当的道德立法来提高人们遵循道德规范的自觉性，达到网络道德建设的目的。在网络道德建设中，应当把那些重要的、基本的网络道德规范尽量纳入法律中，融入管理制度中，融入公众的各种守则、公约中，对那些严重违背网络道德的行为和现象，应制定出相应的惩罚措施，这对于促使社会成员养成对社会的高度责任感有着积极的意义。

目前我国有关部门已经颁布了《互联网信息服务管理办法》、《互联网电子公告服务管理规定》和《互联网站从事登载新闻业务管理暂行规定》等网络法规，对网民的行为做出了严格的规定，这对网络环境的净化起到了一定的积极作用。但从总体上看，由于网络环境的复杂性，现有的法律、法规还难以对众多的网络违规行为进行比较全面的约束。因此，当前要将网络法律、法规的建设尤其是与网络道德相关的法律制度的完善作为一项重要任务，尽快制定出更加细致与更具操作性的相应法规，以防止和打击相应的网络违规行为。

3. 展开网络道德教育

青年是网络世界中最活跃、最中坚的力量，很多网络犯罪分子是有着较高学历的知识分子，因此，有必要在大学中展开网络道德教育。要摒弃那些不合时宜且毫无成效可言的条条框框，尽快制定出切合高校实际的校园网络规范守则，明确奖惩措施，对违反上网规范的学生予以教育，对一些利用网络进行犯罪活动的学生要移交司法部门。要引导青年文明上网、依法上网，将网络道德的培养作为个人思想道德教育的一个不可缺少的方面。同时，要提高学生的自我保护能力。

计算机从业人员，应该具备良好的计算机应用素养，遵守网络规范和网络道德，保护网络安全、畅通，使信息技术更好地为我们的学习、工作和生活服务。法律是道德的底线，计算机从业人员要遵守职业道德的最基本要求。同时还要：

- 按照有关法律、法规和有关机关、内部规定建立计算机信息系统。
- 以合法的用户身份进入计算机信息系统。
- 在工作中尊重各类著作权人的合法权利。
- 在收集、发布信息时尊重相关人员的名誉、隐私等合法权益。

习 题

一、简答题

1. 计算机安全所涵盖的内容是什么？
2. 影响计算机安全的主要因素有哪些？
3. 保证计算机安全有哪些措施？
4. 什么是计算机病毒？
5. 说明病毒、黑客、木马的概念。
6. 应当遵守哪些网络道德规范？

二、操作题

1. 设置计算机的防火墙，提高信息安全级别。
2. 利用360安全卫士监测你的计算机系统。

三、单选题

1. 不属于计算机病毒的防治策略的是_____。
   A. 防毒能力　　　B. 查毒能力　　　C. 解毒能力　　　D. 禁毒能力
2. 以下关于计算机病毒的特征说法正确的是_____。
   A. 计算机病毒只具有破坏性，没有其他特征
   B. 计算机病毒具有破坏性，不具有传染性
   C. 破坏性和传染性是计算机病毒的两大主要特征
   D. 计算机病毒只具有传染性，不具有破坏性
3. 可以通过_____划分网络结构，管理和控制内部和外部通信。
   A. 防火墙　　　B. CA中心　　　C. 加密机　　　D. 防病毒产品
4. 在以下人为的恶意攻击行为中，属于主动攻击的是_____。
   A. 身份假冒　　　B. 数据监测　　　C. 数据流分析　　　D. 非法访问

5. 黑客利用 IP 地址进行攻击的方法有_____。

A. IP 欺骗　　　　B. 解密　　　　C. 窃取口令　　　　D. 发送病毒

6. 防止用户被冒名所欺骗的方法是_____。

A. 对信息源发送方进行身份验证　　　　B. 进行数据加密

C. 对访问网络的流量进行过滤和保护　　D. 采用防火墙

7. 计算机网络威胁大体可分为两种：一种是对网络中信息的威胁；另一种是_____。

A. 人为破坏　　　　　　　　　　B. 对网络中设备的威胁

C. 病毒威胁　　　　　　　　　　D. 对网络人员的威胁

8. 以下属于系统物理故障的是_____。

A. 硬件故障与软件故障　　　　　B. 计算机病毒

C. 人为的失误　　　　　　　　　D. 网络故障和设备环境故障

9. 保证信息安全最基本、最核心的技术是_____。

A. 信息加密技术　　B. 信息确认技术　　C. 网络控制技术　　D. 反病毒技术

10. 以下关于非对称密钥加密说法正确的是_____。

A. 加密方和解密方使用的是不同的算法　B. 加密密钥和解密密钥是不同的

C. 加密密钥和解密密钥相同　　　　　　D. 加密密钥和解密密钥没有任何关系

参考文献

［1］全国高校网络教育考试委员会办公室. 计算机应用基础：2013 年修订版. 北京：清华大学出版社，2013.

［2］尤晓东，等. 大学计算机应用基础. 北京：中国人民大学出版社，2009.

图书在版编目（CIP）数据

计算机应用基础：数字教材版/李刚主编 . —北京：中国人民大学出版社，2018.6
互联网＋远程一体化智慧数字教材
ISBN 978-7-300-25837-9

Ⅰ.①计… Ⅱ.①李… Ⅲ.①电子计算机-远程教育-教材 Ⅳ.①TP3

中国版本图书馆 CIP 数据核字（2018）第 106967 号

互联网＋远程一体化智慧数字教材

计算机应用基础（数字教材版）

主编 李　刚

Jisuanji Yingyong Jichu

出版发行	中国人民大学出版社		
社　　址	北京中关村大街 31 号	邮政编码	100080
电　　话	010 - 62511242（总编室）	010 - 62511770（质管部）	
	010 - 82501766（邮购部）	010 - 62514148（门市部）	
	010 - 62515195（发行公司）	010 - 62515275（盗版举报）	
网　　址	http://www.crup.com.cn		
	http://www.ttrnet.com（人大教研网）		
经　　销	新华书店		
印　　刷	运河(唐山)印务有限公司		
规　　格	185 mm×260 mm　16 开本	版　次	2018 年 6 月第 1 版
印　　张	12	印　次	2022 年 3 月第 4 次印刷
字　　数	260 000	定　价	39.00 元